多空间域场景识别与分析

郑彩侠　吕英华　孔　俊　著

科学出版社

北　京

内 容 简 介

本书针对多空间域场景识别与分析中的关键问题展开深入研究，通过挖掘不同空间域场景数据所蕴含的特性和规律，探索面向不同场景的、有效的图像内容抽象表达与智能分析识别模型构建方法，旨在丰富场景识别与分析机制，提高场景识别与分析方法的性能和智能化水平。该研究不仅有望为场景识别与分析任务探索新的研究思路，而且还将对其他相关图像、视频理解任务提供借鉴与支持，具有重要的理论研究意义和实际应用价值。

本书可供计算机视觉与模式识别领域的科研人员和高校师生阅读参考。

图书在版编目（CIP）数据

多空间域场景识别与分析/郑彩侠，吕英华，孔俊著. —北京：科学出版社，2020.10

ISBN 978-7-03-065690-2

Ⅰ.①多… Ⅱ.①郑… ②吕… ③孔… Ⅲ.①图像识别 Ⅳ.①TP391.413

中国版本图书馆 CIP 数据核字（2020）第 127443 号

责任编辑：张艳芬 / 责任校对：杨 然
责任印制：吴兆东 / 封面设计：陈 敬

科 学 出 版 社 出版
北京东黄城根北街 16 号
邮政编码：100717
http://www.sciencep.com

北京中石油彩色印刷有限责任公司 印刷
科学出版社发行 各地新华书店经销

*

2020 年 10 月第 一 版 开本：720×1000 1/16
2021 年 3 月第二次印刷 印张：7 3/4
字数：146 000

定价：98.00 元

前　　言

近年来，随着多媒体技术和互联网的快速发展，网络图像数据爆炸式增长。如何利用计算机管理图像资源，尤其是按照人类感知高层图像语义的方式对图像数据进行语义识别与分析，是长久以来国内外学者密切关注的研究课题。

场景识别与分析是指对场景中背景、物体及两者之间整体信息的分析与理解，具有重要的理论研究意义和广泛的应用前景。目前场景识别与分析研究已取得了较大进展，但由于场景图像固有的复杂性(例如，同类场景图像具有较大的差异性，而不同类场景图像又具有较大的相似性)，场景识别与分析仍是一个极具挑战性的研究课题。

现有的场景识别与分析算法大多是针对自然场景提出的，然而来自不同空间域的场景图像，如自然场景图像、天气场景图像和天文场景图像等，都有其独特的图像性质和识别目的，因此根据图像各自的特点研究具有针对性的识别与分析算法，才能取得满意的效果。本书以深度维度上的多空间域场景图像为研究对象，深入研究场景识别与分析中的主动学习与融合策略，探索适用于不同场景识别任务、有针对性且有效的识别模型构建方法，以提高场景识别与分析算法的性能。具体来说，本书分别针对天气场景和自然场景的识别问题提出两种基于主动判别字典学习的识别模型，旨在减少人类标注样本的代价并提高识别模型的性能；针对自然场景图像识别问题，提出基于半监督多特征回归的识别模型，旨在有效融合多种特征并同时利用大量无标记样本来提高自然场景识别算法的性能；针对天文场景中天文物体检测问题，提出基于全局与局部信息融合的天文场景物体检测方法，以实现对微弱天体的有效检测。大量的实验结果验证了本书所提出方法的可行性和有效性。

本书获得了以下项目的资助：国家自然科学基金青年基金项目(61702092，61672150，61806126)，吉林省科技厅相关项目(20180520215JH，20180201089GX，20190201305JC)。

在研究本书中模型方法与撰写书稿的过程中，东北师范大学与加州大学戴维斯分校的许多老师和同学都提供了大力支持与帮助，在此一并表示特别感谢。

限于作者水平，书中难免存在不足之处，恳请各位读者批评指正。

郑彩侠

2020 年 8 月

目　　录

第 1 章 绪 论

1.1 研究背景及意义

多媒体、互联网技术及社交网络的快速发展带来了海量的数字图像信息。数字图像作为信息传播的一种重要载体，包含的语义信息极其丰富。国内外各种网络应用及社交平台，如 Instagram、WhatsApp、Facebook、Twitter、腾讯 QQ 和微信等，每天都有上亿张图片上传。图像已成为人们在互联网上进行信息交流的主要媒介。其主要特点有：①图像分享不受地域和语言差异的限制；②图像能够提供更加容易理解、更加生动有趣的信息；③图像的获取手段多样、方便、快捷。

然而，随着数字图像数量的爆炸式增长，人们却再也无法轻易地从海量图像数据中查找到所关注的内容。例如，人们想在电子相册中找出在海边旅游时拍摄的所有照片，这就需要浏览电子相册的全部相片来查找目标，当电子相册中图像数量巨大时，查找所需的照片需要耗费大量的时间和精力。因此，迫切需要一种基于计算机视觉的快速有效的场景分析与识别方法，来自动识别出所有海边场景的图像，从而代替人类进行查找。

人类视觉对不同场景进行识别与分析是一种与生俱来的能力，通常在瞬间(200ms 左右)就可以对场景的属性作出判断[1]，而对计算机来说，识别与分析不同的场景却需要一个极其复杂的学习过程。

基于计算机视觉的场景识别与分析是模式识别领域中一个重要的研究课题，它根据给定的一组场景语义类别，利用图像识别技术对场景图像数据库进行自动分类识别。基于计算机视觉的场景识别与分析主要利用场景图像包含的全局空间结构、局部目标及目标间的相对位置信息来理解场景图像蕴含的高层语义。2006年，研究人员在麻省理工学院召开的场景理解研讨会上明确提出，场景识别与分析是一个新的有价值的研究方向，具有广泛的应用前景：①对电子相册进行层次化的分类整理，即根据相片的拍摄场景对相片进行分类存储，从而使电子相册更有效地帮助用户管理相片[2,3]；②为机器人提供先验信息，使机器人能够针对不同场景迅速做出合理的反应[4]；③可以应用于自动驾驶系统中，通过分析场景中的天气条件，驾驶系统可以自适应地调节其内部参数或模型，进而更好地应对各种复杂天气环境，大大提高系统的适应性和应用价值[5]；④为视频事件分析提供场景先验知识，提高事件分析方法的精度，例如对于街道场景，人群奔跑应被定义为异常事件, 而在田径场场景或在雨雪等恶劣天气环境下, 人群奔跑则应定义为正常事件[6]; ⑤可以应用于数码相机中, 通过识别出不同的场景类别, 数码相机可以自动调节相机参数进而获得更好的成像效果[7]。除此之外, 场景识别与分析技术也被广泛应用于其他各个领域, 如卫星遥感图像分析、基于内容的图像检索系统和目标跟踪系统等。因此, 场景识别与分析是一个既具有理论研究意义, 又具有实际应用价值的前沿性研究课题。

近年来, 基于计算机视觉的场景识别与分析受到了国内外学者和高端科技公司的广泛关注。卡内基梅隆大学的研究人员基于大量的 Google 街景图像, 开发出了能够完成识别任务的机器学习程序, 该程序可以为每张图片挑选出独一无二的视觉元素, 如伦敦的独特路牌和石头阳台、巴黎某建筑的圆柱门廊等[8]。Google 公司采用深度学习技术搭建了模拟神经网络 DistBelief, 该网络通过对数百万份 YouTube 视频进行学习, 自行学习到了猫的关键特征, 进而能够在没有人为帮助的情况下对猫进行自动识别[9]。此外, 许多其他研究机构, 如斯坦福大学视觉实验室、麻省理工学院视觉实验室、中国科学院自动化研究所和清华大学等也都对场景识别与分析领域中的相关技术展开了深入研究。计算机视觉与模式识别领域的国际权威期刊和顶级学术会议, 如 PAMI(IEEE Transactions on Pattern Analysis and Machine Intelligence)和 CVPR (IEEE Conference on Computer Vision and Pattern Recognition)等, 都刊出了大量关于场景识别与分析方面的重要研究成果。

现有的大多数场景识别与分析方法都是针对自然场景的识别问题提出的, 但除了来自人类生活的近地表空间域的自然场景, 还存在其他更高层空间域的场景。例如, 大气层空间域中产生的多云、晴、雨、雾霾等现象, 可称为天气场景, 大气层以上的外层空间(也称宇宙空间或太空)中的星系、星体则构成了天文场景。图 1.1 给出了来自多空间域的场景示意图。自然场景、天气场景与人类的日常生产生活紧密相关,而天文场景可以提供有关天体物理演化和宇宙形成的有用信息,来为科技发展提供有力的支持。因此, 对多空间域的场景进行分析与识别是具有深远现实意义的。

来自不同空间域的场景图像, 如自然场景图像、天气场景图像和天文场景图像等, 都有其独特的图像性质和分类目的, 若对不同空间域的场景图像采用相同的分析与识别策略则很难取得满意的效果。自然场景图像是在不同时间、不同地点和不同视角等条件下拍摄的场景图像, 对其进行识别主要是根据图像中包含的背景、物体及其物体间的布局特征来判断图像的整体视觉类别, 如海滩、街道或图书馆等。天气场景图像用来捕捉不同天气条件下拍摄的图像的视觉表现, 对其进行识别主要是依据不同天气条件产生的图像视觉和物理差异来判断图像拍摄时的天气状况, 如阴天、晴天、多云或雨天等。天文场景图像是对宇宙的一种宏观观测, 图像中包含大量的亮度、大小各异的天体, 对其进行识别与分析的主要目的不是对整幅图像的语义类别进行判断(如识别出该图像属于天空的哪个区域),而是从含有大量噪声的高分辨率图像中检测出真实存在的天体(通常称为天文场景物体检测)。由此可见,在处理不同空间域场景图像的识别与分析任务时,应针对各自的特点及识别目的分别提出具有针对性的方法,才能取得较好的效果。因此,本书主要针对不同空间域的场景图像,分别根据每种图像的属性及其识别目的,研究适用于不同领域的基于主动学习与融合策略的场景识别与分析方法。

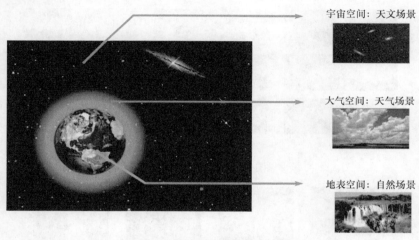

图 1.1　来自多空间域的场景示意图

1.2　场景识别与分析研究现状

场景识别与分析由于其深远的理论研究意义和广阔的应用前景,近年来引起了越来越多国内外学者和研究机构的关注。人类可以在很短的时间内(200ms左右)对周围环境(事物或场景)的属性进行判断[1],这是人类与生俱来的天赋,不需要刻意学习。然而,由于场景图像的多样性、复杂性和语义模糊性,利用计算机来完成场景识别与分析任务却是极富挑战性的。

依据场景来源的空间域不同,场景识别与分析可以分为天气场景识别、自然场景识别和天文场景物体检测等。天气场景识别是指对图像中的天气状况进行识别,如针对固定摄像头在一段时间内拍摄的场景图像,判断每幅图像拍摄时的天气条件是阴天、晴天或雨天等,不同类别的天气场景图像如图 1.2 所示。自然场景识别是指对图像的场景语义类别进行识别,如识别图像中的场景是高山、森林、街道或海边等,不同类别的自然场景图像如图 1.3 所示。天文场景图像与天气场景和自然场景图像不同,它是通过天文望远镜获取的一种灰度动态范围极大的高分辨率图像，并且天文场景图像中通常含有大量的噪声。图 1.4 给出了天文场景图像的案例。图 1.4(a)为原始天文场景图像，图像中可见的白色像素区域为明亮的天体，由于像素的动态取值范围太大，图中还存在很多不可见的微弱天体。图 1.4(b)是对图 1.4(a)中图像进行对比度增强得到的图像，从中可以看到更多的微弱天体。由于天文场景图像的特殊性，天文场景识别与分析和天气场景或自然场景的识别与分析不同，其主要任务是从含有大量噪声的图像中检测出真实存在的天体。

　　(a) 晴天　　　　　　　　　(b) 多云　　　　　　　　　(c) 阴天

图 1.2　天气场景图像

　　(a) 海滩　　　　　(b) 森林　　　　　(c) 街道　　　　　(d) 城市

图 1.3　自然场景图像

综上，来自不同空间域的场景图像的识别与分析目的和图像属性均不同，因此处理不同场景识别与分析问题的关注点和方法也应不同，才能取得较好的效果。近年来，研究人员分别提出了针对天气场景、自然场景和天文场景的识别与分析方法，均取得了一定效果。

(a) 原始图像   (b) 对比度增强之后的图像

图 1.4 天文场景图像

1.2.1 天气场景识别

天气场景是指室外场景在不同天气现象下所形成的视觉表现。天气场景识别则是指根据不同天气的视觉表现,利用计算机来自动地对图像中的天气情况进行判断,如图 1.5 所示。依据所处理的数据形式不同,天气场景识别方法大体可分为基于图像的天气场景识别方法和基于视频的天气场景识别方法。

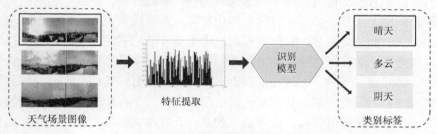

图 1.5 天气场景识别方法流程图

近年来,研究人员提出了基于车载摄像头获取的图像的天气场景识别方法。例如,Roser 等[10]对图像提取颜色、亮度和锐利度特征,并采用支持向量机(support vector machine, SVM)对图像进行晴天和雨天的分类;Yan 等[11]基于梯度、颜色和道路信息对图像的本质内容进行描述,并利用 Adaboost 算法对天气场景进行识别。除了基于车载图像的天气场景识别方法,人们也提出了很多基于室外静态图像的天气场景识别方法,例如,Song 等[12]通过提取图像的功率谱斜率、边缘梯度能量、饱和度和噪声特征对图像进行描述,并采用 K 近邻(k-nearest neighbor, K-NN)算法来识别不同的天气场景;Chen 等[13]采用颜色、纹理、形状和动态特征(提取动态特征时需要额外的辅助图像)来描述固定摄像头拍摄的天气场景图像,并采用基于主动学习的 SVM 分类模型对天气场景进行识别,取得了较好的识别效果;Zhang 等[14]利用多种特征对天气场景进行描述,并基于自适应的多核学习算法来实现对天气场景的识别;宋晓建等[15]对不同天气条件下获取的天气场景图像进行分析，运用多垂线检测法检测图像中的直线模糊边缘灰度值，进而求得线扩散函数，通过分析该函数的变化规律，总结出该函数与天气现象之间的关系；Lu 等[16]利用协同学习机制来识别晴天和阴天图像，该方法对图像提取颜色、对比度、反射和阴影等特征，并构建与每种特征相对应的特征存在指示向量，但该方法的特征提取严重依赖于图像抠图、阴影检测等技术，相对来说比较复杂，因此较难应用于实际问题中。

除了上述基于图像的天气场景识别方法，近年来人们也提出了一些基于视频的天气场景识别方法。Lagorio 等[17]针对交通场景的视频提出基于高斯混合模型来检测和分析视频中每帧图像的时间和空间变化，进而识别出雾、雪或暴雨等对交通不利的天气状况。Zhao 等[18,19]通过分析不同天气条件下视频的特点，采用时间域中像素序列的灰度值之间的相关性，以及由雨或雪引起的运动模糊的相关特征作为视频的特征描述，并结合 SVM 构建决策二叉树来识别视频中的雾、雨、雪、缓慢光照变化(如太阳落山)和快速光照变化(如闪电)等不同天气情况。

目前，天气场景识别也存在一些待解决的问题。首先，对天气场景进行特征提取时，大多数方法仅考虑整幅图像的一些视觉表现特征，如纹理、颜色和形状等，但是环境中天气变化是一种物理变化过程，这些视觉表现特征无法完全准确地表达天气的变化。因此，如何在提取视觉表现特征的同时，也从图像中提取体现天气物理变化的特征来更好地描述不同类别的天气场景图像，是天气场景识别中一个关键问题。其次，天气场景识别通常需要大量有标签的样本来训练分类器从而获得良好的分类性能，然而对大量的图像进行人工标注需要耗费大量的人力和物力，有时甚至难以完成。值得庆幸的是，互联网的发展，使得获取无标签的图像非常容易。如何从海量的无标签样本集中选取少量的有效样本进行标注，进而在减少人类标注工作量的前提下充分提高分类器性能，是天气场景识别任务中的另一个关键问题。

1.2.2　自然场景识别

自然场景主要由背景和物体两部分构成，背景通常指宽广或静止的结构或表面，如高山、大海、高楼和天空等都可以作为背景，而物体通常是指空间中较小的不连续体[20]。背景和物体的定义是相对的，两者之间并没有绝对的界限。自然场景的类别属性是指人们用来描述图像中现实环境的语义标签，它与图像的内容具有较强的相关性和一致性。自然场景类别的划分方式大致可以分为三种，即按室外环境划分、按室内环境划分和按情景划分，如图 1.6 所示。自然场景识别就是根据这些预定义的场景类别对图像数据进行分类，自动识别出图像中场景的类别。

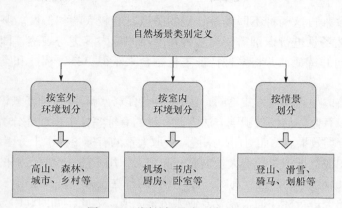

图 1.6 不同的场景类别定义方式

自然场景识别主要包含两个步骤：图像内容描述和分类模型构建。图像内容描述是指从图像中提取一些特征来抽象表达图像内容，并要求这些特征是具有判别性的，即希望同类场景图像的特征较为相近，而不同类场景图像之间的特征相距较远。分类模型的构建是指通过提取出的训练样本集的特征来学习一个分类准则，进而得到区分不同类别场景的分类模型，通过该分类模型可以对测试图像的场景类别进行识别。

根据图像内容的描述方式不同，自然场景识别方法主要分为两种：一种是自底向上的识别方法[21-23]，即根据分割并识别出图像中所包含的物体及物体间的空间关系来判断图像所属的场景类别；另一种是自顶向下的识别方法[24-26]，即直接利用图像的全局信息进行场景识别，该方法无须对图像中包含的物体进行分割和识别。大量的心理学实验结果表明，人类对场景属性的判断是通过快速捕捉场景的全局概要信息来实现的，而不是通过详细分析场景中的各个物体来对场景进行识别，因此自顶向下的场景识别方法比自底向上的场景识别方法更符合人类的认知过程[26,27]。在自顶向下的场景识别方法中，研究人员已经提出了多种用于刻画图像内容的特征，如 gist[26]、金字塔式词袋直方图(pyramid histogram of visual words，PHVW)[28]、局部二值模式(local binary pattern，LBP)[29]、方向梯度直方图(histogram of oriented gradient, HOG)[30]、空间金字塔匹配(spatial pyramid matching，SPM)[31]和 object-bank[32]等。虽然上述特征描述方法已经取得了不错的效果，但是由于自然场景图像固有的复杂性，仅从图像中提取某一种特征很难取得良好的分类效果。自然场景图像的复杂性主要表现在以下方面：

1) 较大的类内差异性

以城市场景为例，季节、光照、拍摄角度和城市建筑风格不同，导致同属于城市这个场景类别的图像具有较大的差异性。

2) 较大的类间相似性

以阅览室和书店场景为例，两个场景中都存在书籍、书架、桌椅和人等相同的物体，导致来自这两种不同场景类别的图像具有较大的相似性。基于以上两点特性，对自然场景进行识别需要从多种角度对图像内容进行表达，即对图像同时提取多种不同的特征，并将多种特征进行融合来获得更具鲁棒性和类别辨别能力的特征描述。

根据分类模型的构建方式不同，场景识别可以分为有监督的场景识别和半监督的场景识别。有监督的场景识别方法需要大量的有标签样本来训练分类模型，进而获得较好的分类效果。然而对用户来说，获取大量的有标签样本十分困难[33]。首先，标注大量的图像数据需要耗费大量的时间和精力，用户往往没有足够的耐心去完成标注一个庞大数据库的任务；其次，有些图像的标注任务不是普通用户可以完成的，例如对遥感图像进行标注通常需要专业人员来完成。因此，如何利用方便获取的无标签图像数据蕴含的有用信息，或尽可能通过标记较少的图像数据来提高分类器的性能是场景识别的另一个关键问题。

近年来，两种可以同时利用标记样本和未标记样本信息的学习机制被引入场景识别中，即主动学习机制[34-39]和半监督学习机制[40-45]。主动学习机制是在充分利用分类模型的判决结果和未标记样本分布信息的基础上，设计合适的评价指标来从未标记数据集中自动选择出少量的有利于提高分类器性能的样本进行标注，然后加入训练样本集中重新训练分类器，进而提高分类器性能。半监督学习是指利用标记样本和未标记样本之间的相关性，按照一定约束准则将标记样本的标签信息传递给未标记样本，使其能与标记样本一起训练分类器，进而提高分类器的分类性能。主动学习和半监督学习都是能够同时利用标记样本和未标记样本信息来共同学习分类模型的方法，其目的都是在尽可能减少人为标注工作量的前提下不断提高分类器的预测精度。

综上可以看出，光照、视角、尺度和场景内物体形态及其布局的变化，导致同类自然场景图像具有较大的差异性；包含相同或相似的物体，导致不同类自然场景图像具有较大的相似性。因此，如何对不同类场景图像的本质区别进行描述是自然场景识别的一个关键问题。多特征融合是解决此问题的有效途径，其目的是在保持每种特征本质结构的同时挖掘多种特征之间的互补信息，进而得到更鲁棒且更具类别区分能力的特征描述。除了特征描述，对自然场景进行有效的识别还需要通过大量的标记样本来构建精确的识别模型，然而获取大量标记样本是耗时耗力的。如何利用未标记样本的信息来提高识别模型的性能，是自然场景识别的另一个关键问题。

1.2.3 天文场景物体检测

天文场景图像是包含大量天体的高分辨率图像，可以提供有关天体物理性质和宇宙形成及其演化的有用信息。天文场景识别与天气场景和自然场景识别不同，它无须对图像的整体语义类别进行分类，其主要任务是从含有大量噪声的图像中识别出存在的天体，以供天文学家后续对天体的属性进行研究和分析。

由于天文场景图像中的天体通常没有清晰的边界、天体的大小和灰度值存在巨大差异、天体的灰度值近似于检测水平且容易与图像中的大量噪声混淆，因此人工对其进行识别需要耗费大量精力，尤其是处理包含大量物体的天文场景图像时，人工识别非常耗时且不精确[46]。由此，基于计算机视觉的天文场景物体检测方法应运而生，并且由于其具有快速、可重复性和客观性等特点而引起广泛关注。

已有很多研究学者提出了基于计算机视觉的天文场景物体检测方法。Slezak 等[47]提出了基于高斯拟合直方图分布来区分天文场景图像中的噪声和真实物体。Damiani 等[48]采用高斯拟合、中值滤波和 Mexican hat 小波变换来抑制图像中的噪声，并通过设置合适的局部阈值来检测真实存在的物体。Andreon 等[49]利用主成分分析(principal component analysis，PCA)和神经网络来识别天文场景中的背景和物体。Perret 等[50]提出了基于形态学算子的击中或不击中变换(hit-or-miss transform, HMT)来对天文场景图像的物体进行增强，进而实现对其有效的检测。Guglielmetti 等[51]提出了一种基于先验信息的贝叶斯分类器来检测天文场景中的物体。Broos 等[52]利用基于小波变换的方法对天文图像进行重构，并且将重构图像中的像素峰值作为检测到的物体。Bertin 等[53]提出了一种基于背景估计和阈值分割的天文场景物体检测方法 SExtractor(source extractor)，这是目前常用且经典的天文场景物体检测方法。

近年来，天文场景物体检测仍然存在一些难点。天文场景图像含有大量噪声且图像中的大多数物体极其微弱，因此如何有效地抑制图像中的噪声，并对微弱物体进行增强是天文场景物体检测的一个关键问题。此外，天文场景图像具有较大的灰度动态范围(最高和最低灰度值之间的比值较大)和较大的空间动态范围(可检测到的最大天体和最小天体之间尺寸的比值较大)[54]，因此如何消除明亮物体对微弱物体检测的影响，从而检测出更多真实存在的微弱物体，是天文场景物体检测的另一关键问题。

1.3　本书主要内容

本书基于主动学习与融合策略对场景识别与分析中的全局语义分类及局部目标检测等关键问题进行深入研究。针对来自不同空间域的场景图像各自的特点和识别目的，提出适用于不同空间域场景图像的有效识别与分析方法。本书的主要研究内容总结如下：

(1) 为了利用大量未标记样本的有用信息，且在减少人工标注工作量的基础上充分提高场景识别模型的准确度，本书提出两种基于主动判别字典学习(active discriminative dictionary learning，ADDL)的识别模型分别对天气场景和自然场景图像进行识别。

① 提出 ADDL 模型对天气场景进行识别。该模型从不同角度对图像进行描述，即同时提取天空区域的视觉表现特征和非天空区域的基于物理特性的特征，来有效地描述不同天气场景图像的本质区别。与直接采用传统的 K-NN 和 SVM 作为分类器的天气场景识别方法不同，本书采用基于判别字典学习的算法作为天气场景分类模型。此外，受机器学习领域中主动学习方法的启发，将主动学习机制引入判别字典学习中，从而在减少人工标注负担的前提下获得良好的字典学习效果，进而实现对天气场景图像更有效的识别。

② 提出多准则 ADDL(multi-criteria based active discriminative dictionary Learning，M-ADDL)模型对自然场景进行识别。自然场景图像具有较大的类内差异性和类间相似性，且类别数目较多，这给自然场景识别任务带来了困难。因此，为了更好地解决自然场景识别问题，本书对主动学习方法中的样本选择机制进行深入研究，提出融合多种样本评价准则从未标记样本集中选择有效的样本来扩展训练样本集，进而提高判别字典学习算法的性能。在构建样本评价准则时，提出基于流形结构保持能力和样本重构能力的评价指标。

为了验证提出的 ADDL 模型和 M-ADDL 模型的有效性，分别在多个天气场景数据库和自然场景数据库上进行了大量实验，实验结果验证了这两种模型具有良好的识别性能。

(2) 在自然场景识别过程中，通常采用多种特征来描述图像内容才能取得较好的识别效果。因此，为了有效地融合多种特征来提高自然场景识别方法的性能，且能利用大量未标记样本的信息，提出一种基于半监督多特征回归 (semi-supervised multi-features regression，SSMFR)的模型。该模型考虑了多种特征之间的互补信息，利用多特征同时学习分类器，并采用$l_{2,1}$范数约束来学习稀疏且鲁棒的分类器，从而更精确地对自然场景进行识别。此外，提出一种简单且有效的迭代更新优化算法求解 SSMFR 模型的目标函数的局部最优解，并通过理论分析与实验证明模型的收敛性。通过在自然场景数据库上的大量实验，验证了 SSMFR 模型的有效性。

(3) 天文场景图像在采集过程中受到宇宙射线的干扰和图像获取设备的影响，使得在图像中形成大量的噪声。不同于天气场景和自然场景图像识别，天文场景图像识别的主要挑战是如何从含有大量噪声的高分辨率图像中检测出真实存在的天体，尤其是较微弱的天体。本书提出一种基于全局与局部信息融合的天文场景物体检测方法。该方法采用一个简单有效的全局物体检测模型来快速地在整幅图像中检测物体。通过融合全局检测结果提出局部物体检测模型，该模型对图像进行不规则局部区域划分，并分别在每个局部区域内进行一系列图像变换、自适应噪声去除、分层检测来分别检测明亮物体和微弱物体。分别在模拟天文场景图像数据库和真实天文图像数据库上进行大量实验，验证了该方法可以检测到更多真实存在的天体，尤其是可以检测出更多微弱的天体。

本书的主要内容及其结构安排如下。

第 1 章首先介绍场景识别与分析的研究背景及意义；其次详细介绍天气场景识别、自然场景识别和天文场景物体检测的研究现状，并归纳各种场景识别与分析任务中的关键问题；最后介绍本书的主要研究内容和创新点，并概括本书的结构安排。

第 2 章分别介绍场景图像内容描述、识别模型构建和天文场景物体检测的相关方法和技术。

第 3 章将主动学习机制引入字典学习中，分别利用 ADDL 模型和 M-ADDL 模型对天气场景和自然场景进行识别，并且在多个天气场景和自然场景数据库上验证 ADDL 模型和 M-ADDL 模型的有效性。

第 4 章提出 SSMFR 模型并利用其对自然场景图像进行识别。该模型能够有效融合多种特征信息进行场景识别，且能够利用未标记样本的信息提高识别模型的性能。在多个自然场景数据库上对该模型的有效性进行了验证。

第 5 章提出一种基于全局与局部信息融合的天文场景物体检测方法，该方法可以有效地检测到真实且微弱的天体。分别在模拟天文图像数据库和真实天文图像数据库上对该方法的有效性进行了验证。

第 6 章对本书的主要研究内容及所取得的成果进行总结，并对未来研究工作提出展望。

参 考 文 献

[1] Potter M C. Meaning in visual scenes[J]. Science, 1975, 187: 965-966.

[2] Vailaya A, Figueiredo M, Jain A, et al. Content-based hierarchical classification of vacation images[C]//IEEE International Conference on Multimedia Computing and Systems, Florence, 1999, 1: 518-523.

[3] Lim J H, Mulhem P, Tian Q. Event-based home photo retrieval[C]//Proceedings of 2003 International Conference on Multimedia and Expo, Baltimore, 2003: 33-36.

[4] Caro L, Correa J, Espinace P, et al. Indoor mobile robotics at Grima, PUC[J]. Journal of Intelligent & Robotic Systems, 2012, 66: 151-165.

[5] Kurihata H, Takahashi T, Ide I, et al. Rainy weather recognition from in-vehicle camera images for driver assistance[C]//IEEE Proceedings of Intelligent Vehicles Symposium, Las Vegas, 2005: 205-210.

[6] Wang X, Ji Q. Video event recognition with deep hierarchical context model[C]//Proceedings of the IEEE Conference on Computer Vision and Pattern Recognition, Boston, 2015: 4418-4427.

[7] Kikutani Y, Okamoto A, Han X H, et al. Hierarchical classifier with multiple feature weighted fusion for scene recognition[C]//The 2nd International Conference on Software Engineering and Data Mining, Chengdu, 2010: 648-651.

[8] Doersch C, Singh S, Gupta A, et al. What makes Paris look like Paris? [J]. Communications of the ACM, 2015, 58(12): 103-110.

[9] Le Q V. Building high-level features using large scale unsupervised learning[C]//2013 IEEE International Conference on Acoustics, Speech and Signal Processing, Vancouver, 2013: 8595-8598.

[10] Roser M, Moosmann F. Classification of weather situations on single color images[C]// Intelligent Vehicles Symposium, Eindhoven, 2008: 798-803.

[11] Yan X, Luo Y, Zheng X. Weather recognition based on images captured by vision system in vehicle[C]//Proceedings of the International Symposium on Neural Networks, Heidelberg, 2009: 390-398.

[12] Song H, Chen Y, Gao Y. Weather condition recognition based on feature extraction and K-NN[C]//Foundations and Practical Applications of Cognitive Systems and Information Processing, Heidelberg, 2014: 199-210.

[13] Chen Z, Yang F, Lindner A, et al. How is the weather: Automatic inference from images[C]// IEEE International Conference on Image Processing, Orlando, 2012: 1853-1856.

[14] Zhang Z, Ma H. Multi-class weather classification on single images[C]//IEEE International Conference on Image Processing, Quebec City, 2015: 4396-4400.

[15] 宋晓建, 杨玲. 基于图像退化模型的天气现象识别[J]. 成都信息工程学院学报, 2011, 2: 132-136.

[16] Lu C, Lin D, Jia J, et al. Two-class weather classification[C]//Proceedings of the IEEE Conference on Computer Vision and Pattern Recognition, Columbus, 2014: 3718-3725.

[17] Lagorio A, Grosso E, Tistarelli M. Automatic detection of adverse weather conditions in traffic scenes[C]//IEEE the Fifth International Conference on Advanced Video and Signal Based Surveillance, Santa Fe, 2008: 273-279.

[18] Zhao X, Liu P, Liu J, et al. Feature extraction for classification of different weather conditions[J]. Frontiers of Electrical & Electronic Engineering in China, 2011, 6(2):339-346.

[19] Zhao X, Liu P, Liu J, et al. A time, space and color-based classification of different weather conditions[C]// Visual Communications and Image Processing, Tainan, 2011: 1-4.

[20] Henderson J M, Hollingworth A. High-level scene perception[J]. Annual Review of Psychology, 1999, 50: 243-271.

[21] 王璐, 陆筱霞, 蔡自兴. 基于局部显著区域的自然场景识别[J]. 中国图象图形学报, 2008, 13(8): 1594-1600.

[22] Li L J, Su H, Lim Y, et al. Objects as attributes for scene classification[C]//European Conference on Computer Vision, Heidelberg, 2010: 57-69.

[23] Le Saux B, Amato G. Image classifiers for scene analysis[C]//International Conference on

Computer, Vision and Graphics, Netherlands, 2006: 39-44.

[24] 肖保良. 基于 Gist 特征与 PHOG 特征融合的多类场景分类[J]. 中北大学学报: 自然科学版, 2014, 35(6): 690-694.

[25] Oliva A, Torralba A, Guérin-Dugué A, et al. Global semantic classification of scenes using power spectrum templates[C]//Proceedings of the 1999 International Conference on Challenge of Image Retrieval, Newcastle upon Tyne, 1999: 1-11.

[26] Oliva A, Torralba A. Modeling the shape of the scene: A holistic representation of the spatial envelope[J]. International Journal of Computer Vision, 2001, 42(3): 145-175.

[27] Marr D. Vision: A Computational Investigation into the Human Representation and Processing of Visual Information[M]. New York: John Wiley & Sons, 1982.

[28] Bosch A, Zisserman A, Munoz X. Image classification using random forests and ferns[C]// International Conference on Computer Vision, Rio de Janeiro, 2007: 1-8.

[29] Ojala T, Pietikäinen M, Harwood D. A comparative study of texture measures with classification based on featured distributions[J]. Pattern Recognition, 1996, 29(1): 51-59.

[30] Dalal N, Triggs B. Histograms of oriented gradients for human detection[C]//Computer Vision and Pattern Recognition, San Diego, 2005, 1: 886-893.

[31] Lazebnik S, Schmid C, Ponce J. Beyond bags of features: Spatial pyramid matching for recognizing natural scene categories[C]//Computer Vision and Pattern Recognition, New York, 2006, 2: 2169-2178.

[32] Li L J, Su H, Li F F, et al. Object bank: A high-level image representation for scene classification & semantic feature sparsification[C]//Advances in Neural Information Processing Systems, Vancouver, 2010: 1378-1386.

[33] Settles B. Active learning literature survey[R]. Computer Sciences Technical Report 1648, University of Wisconsin-Madison, 2009.

[34] Tong S, Chang E. Support vector machine active learning for image retrieval[C]//Proceedings of the Ninth ACM International Conference on Multimedia, Ottawa, 2001: 107-118.

[35] Tong S, Koller D. Support vector machine active learning with applications to text classification[J]. Journal of Machine Learning Research, 2001, 2(11): 45-66.

[36] Seung H S, Opper M, Sompolinsky H. Query by committee[C]//Proceedings of the Fifth Annual Workshop on Computational Learning Theory, Pittsburgh, 1992: 287-294.

[37] Dagan I, Engelson S P. Committee-based sampling for training probabilistic classifiers[C]// Proceedings of the Twelfth International Conference on Machine Learning, San Francisco, 1995: 150-157.

[38] Hoi S C H, Jin R, Lyu M R. Batch mode active learning with applications to text categorization and image retrieval[J]. IEEE Transactions on Knowledge and Data Engineering, 2009, 21(9): 1233-1248.

[39] Chakraborty S, Balasubramanian V, Panchanathan S. Dynamic batch mode active learning[C]// Computer Vision and Pattern Recognition, Colorado Springs, 2011: 2649-2656.

[40] Ma Z, Nie F, Yang Y, et al. Discriminating joint feature analysis for multimedia data understanding[J]. IEEE Transactions on Multimedia, 2012, 14(6): 1662-1672.

[41] Belkin M, Niyogi P, Sindhwani V. Manifold regularization: A geometric framework for learning from labeled and unlabeled examples[J]. Journal of Machine Learning Research, 2006, 7(11): 2399-2434.

[42] Yang Y, Nie F, Xu D, et al. A multimedia retrieval framework based on semi-supervised ranking and relevance feedback[J]. IEEE Transactions on Pattern Analysis and Machine Intelligence, 2012, 34(4): 723-742.

[43] Zhu X J. Semi-supervised learning literature survey[R]. Computer Sciences Technical Report 1530, Madison: University of Wisconsin-Madison, 2005.

[44] Yang Y, Song J, Huang Z, et al. Multi-feature fusion via hierarchical regression for multimedia analysis[J]. IEEE Transactions on Multimedia, 2013, 15(3): 572-581.

[45] Zhang L, Zhang D. Visual understanding via multi-feature shared learning with global consistency[J]. IEEE Transactions on Multimedia, 2016, 18(2): 247-259.

[46] Goderya S N, Lolling S M. Morphological classification of galaxies using computer vision and artificial neural networks: A computational scheme[J]. Astrophysics and Space Science, 2002, 279(4): 377-387.

[47] Slezak E, Bijaoui A, Mars G. Galaxy counts in the Coma supercluster field−II. Automated image detection and classification[J]. Astronomy and Astrophysics, 1988, 201: 9-20.

[48] Damiani F, Maggio A, Micela G, et al. A method based on wavelet transforms for source detection in photon-counting detector images−I. Theory and general properties[J]. The Astrophysical Journal, 1997, 483(1): 350.

[49] Andreon S, Gargiulo G, Longo G, et al. Wide field imaging−I. Applications of neural networks to object detection and star/galaxy classification[J]. Monthly Notices of the Royal Astronomical Society, 2000, 319(3): 700-716.

[50] Perret B, Lefevre S, Collet C. A robust hit-or-miss transform for template matching applied to very noisy astronomical images[J]. Pattern Recognition, 2009, 42(11): 2470-2480.

[51] Guglielmetti F, Fischer R, Dose V. Background−source separation in astronomical images with Bayesian probability theory−I. The method[J]. Monthly Notices of the Royal Astronomical Society, 2009, 396(1): 165-190.

[52] Broos P S, Townsley L K, Feigelson E D, et al. Innovations in the analysis of chandra-ACIS observations[J]. The Astrophysical Journal, 2010, 714(2): 1582.

[53] Bertin E, Arnouts S. SExtractor: Software for source extraction[J]. Astronomy and Astrophysics Supplement Series, 1996, 117(2): 393-404.

[54] Masias M, Freixenet J, Lladó X, et al. A review of source detection approaches in astronomical images[J]. Monthly Notices of the Royal Astronomical Society, 2012, 422(2): 1674-1689.

第 2 章　场景识别与分析的相关方法介绍

虽然自然场景和天气场景的图像特点和识别目的不同,应开发具有针对性的、适用于各自任务的识别方法才能取得满意的效果,但这两种场景识别方法的实现过程基本是一致的,都包含两个主要步骤:图像内容描述与识别模型构建。为了不重复赘述,本章统一介绍这两种场景识别方法的一般框架及相关技术,并将其统一称为场景识别。图 2.1 给出了场景识别方法的基本流程图。对于训练图像数据,首先对其内容进行特征描述,提取出具有高度判别性和描述性的特征来表达场景内容,然后利用得到的特征向量,通过机器学习算法来训练场景识别模型。对于测试图像,采用相同的图像描述方法获取测试图像的特征表示,然后利用已训练好的场景识别模型对测试图像进行识别,判断其所属的场景类别。

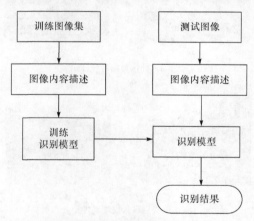

图 2.1　场景识别方法的基本流程

场景图像数据具有复杂性和多样性,如同类场景的图像之间具有较大的差异性,不同类场景的图像之间具有较大的相似性。因此,提取能够有效表征场景图像本质内容的特征是场景识别的关键步骤。尽管在对场景图像进行描述时已经尽量抽取能表达其本质内容的信息,但这些底层特征和高层语义之间仍存在着较大的语义鸿沟,即计算机理解的视觉相似与人所理解的语义相似之间存在语义鸿沟。例如,类别分别为"原野"和"森林"的场景[图 2.2(a)],当采用颜色直方图对两幅图像进行描述时,两幅图像的特征差异不大,因为它们的主导色调都是绿色,但从真实的语义类别来看,两幅图像却是截然不同的两种场景。如果从纹理形状的角度对两幅图像进行描述，那么能很好地将两幅图像区分开。对于类别分别为"城市"和"街道"的场景[图 2.2(b)]却恰恰相反，颜色特征可以很好地将两幅图像区分开，但是其纹理形状信息却相似。因此，仅对图像数据集提取某一类型的特征往往无法很好地区分数据集中不同类别的场景，这时就需要从多种角度对图像数据集进行描述，即同时提取多种不同的特征。如何有效地融合多种特征的信息，来减少底层特征与高级语义之间的语义鸿沟，是场景识别的一个关键问题。除了特征提取，分类模型的构建也是场景识别中的一个重要过程。该过程建立在统计模型的基础上，需要通过大量的标记样本来训练学习分类模型。标记样本的数量较少，会导致训练得到的分类模型的精确度和泛化能力较差。在现实中，对大量图像进行标注比较困难，有时甚至难以完成。因此，如何利用较容易获取的无标记样本的信息来提高分类模型的分类精度是场景识别的另一关键问题。

原野　　　　　　　　　　森林
(a) 不同类别场景颜色属性相近

城市　　　　　　　　　　街道
(b) 不同类别场景纹理属性相近

图 2.2　不同类别场景底层特征和高层语义之间的鸿沟

除了自然场景和天气场景，场景识别问题中还存在一种特殊的场景，即天文场景。天文场景图像无论在视觉表现还是图像属性上，都与天气场景和自然场景图像具有本质的区别。例如，天气场景和自然场景图像内部包含多样的物体及其不同的布局结构，而天文场景图像中仅分布着一些真实存在的天体，且图像中含有大量的噪声。因此，对天文场景进行识别的关键不是对图像的整体语义类别进行判断，而是从大量的噪声背景中识别(检测)出真实存在的天体，进而为天文学家提供有用的信息。接下来将分别从场景图像内容描述、识别模型构建和天文场景物体检测等方面介绍相关的场景识别与分析方法。

2.1　场景图像描述的相关方法

特征提取的目的是从图像中抽象出能够表达图像本质内容的信息，使其能够有效地区分不同类别的场景图像。在场景识别领域中，提取的特征通常有底层特征(如颜色特征、纹理特征、形状特征)和中层语义特征等[1-6]。

2.1.1　底层特征

底层特征是基于图像像素点信息来表达图像的内容特征，着重刻画场景的颜色、纹理及形状等细节信息。底层特征主要分为颜色特征、纹理特征及形状特征。

1. 颜色特征

颜色特征通常被定义为某一种颜色空间内颜色的分布或统计特性，常用的颜色空间有 RGB、HSV 和 LUV 等[7]。研究人员已提出多种颜色特征表示方法，如颜色直方图[8]、颜色矩[9]、颜色一致向量[10]、颜色相关图[11]、颜色结构描述符[12]和可扩展的颜色描述符[12]等。表 2.1 给出了不同颜色特征的对比。

表 2.1　不同颜色特征的对比

颜色特征	优点	缺点
颜色直方图[8]	计算简单、直观、对噪声不敏感	维度较高、缺乏空间信息
颜色矩[9]	特征紧凑、鲁棒	不足以描述全部颜色信息、缺乏空间信息
颜色一致向量[10]	蕴含空间信息	维度高、计算量大
颜色相关图[11]	蕴含空间信息	计算量巨大、对噪声、旋转和尺度变化敏感
颜色结构描述符[12]	蕴含空间信息	对噪声、旋转和尺度变化敏感
可扩展的颜色描述符[12]	方便扩展	缺乏空间信息、不够精确

由于颜色直方图计算简单、直观，且对噪声及图像形变不敏感，目前已被广泛应用于场景识别中[7]。颜色直方图是通过统计图像中各种颜色值出现的频数得到的，它是对图像颜色的统计分布和基本色调的一种描述。

2. 纹理特征及形状特征

一般地，人类视觉系统主要依据纹理特征对场景进行识别和理解[13]。对于图像来说，纹理特征及形状特征是对图像的表面或结构信息的一种描述。通常，颜色特征是基于图像中的像素点来表达的，而纹理特征及形状特征是通过图像中像素点集合的统计特性来表达的。比较常用的纹理特征及形状特征有 LBP[14]、尺度不变特征变换(scale-invariant feature transform，SIFT)[15]和 gist 特征[16]等。

Chen 等[17]利用 LBP 特征对图像中天空区域进行描述来实现对不同天气状况的识别。李锦锋等[18]将 LBP 与小波特征相结合来对室外和室内场景进行分类。LBP 算子是 Ojala 等[14]于 1996 年提出的。LBP 的基本思想是对图像局部区域内所有像素的灰度值与区域中心像素的灰度值进行比较，若周围像素的灰度值大于中心像素的灰度值，则该像素点的位置被标记为 1，否则被标记为 0。将这些 0 和 1 按一定顺序组成的二进制数转换成十进制数(即 LBP 码)来反映该区域的纹理信息，如图 2.3 所示。在该图中，中心像素的灰度值为 6，其周围 8 个像素点的灰度值分别为 1、8、9、9、7、4、3、5,通过与中心像素进行比较得到二进制数为 01111000，将其转化为十进制数为 120，则该中心点的 LBP 特征值为 120。

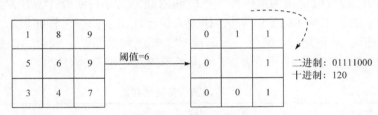

图 2.3   LBP 算子示意图

Lowe 等[15]提出的 SIFT 特征是图像识别领域中一种经典的特征描述方式。SIFT 特征具有强大的辨别能力，并对图像的尺度变化、光照变化、视角变化甚至遮挡等情况都具有一定的鲁棒性。因此，SIFT 特征及其各种改进的 SIFT 特征被广泛应用于场景识别问题中[19-23]。Bosch 等[23]对 SIFT 特征进一步编码量化，提出了 PHOW 特征，如图 2.4 所示。(a)图为不同尺度的图像划分,从左到右分别为 $l=0$、$l=1$ 和 $l=2$ ；(b)图分别为每个尺度的特征直方图。该方法首先将图像按不同尺度($l=0,1,2,\cdots,L$)进行划分，然后在每个尺度的图像中分别进行间隔为 R 的密集采样，并对每个采样点($R\times R$ 的区域)提取 4 种不同半径的 SIFT 特征，接着采用 K-means 算法对这些 SIFT 特征聚类形成 V 个视觉特征词，最后在每个尺度的图像中分别统计 V 个视觉特征词出现的频数来构建一个具有 V 个柱的特征直方图。所有尺度图的特征直方图拼接在一起构成 PHOW 特征，其维度为 $V\sum_{l=0}^{L}4^l$ 。

Oliva 等[16,24]于 2001 年提出了 gist 特征，其通过模拟人的视觉机制对场景图像提取粗略但简明扼要的上下文信息来实现对图像整体结构和布局的描述，这是一种能够反映场景图像的开放度、自然度、粗糙度、险峻度和膨胀度等信息的特征。近年来，gist 特征已被广泛应用于场景识别领域中[25-27]。该特征是通过采用不同方向和不同尺度的 Gabor 滤波器对图像进行滤波而得到的。其具体实现过程为：首先采用 n 个不同尺度和方向的 Gabor 滤波器对图像 $I(x, y)$ 进行滤波，得到 n 个滤波后的图像；然后将每幅滤波后的图像按网格划分为 $m \times m$ 个子图像块；接着对每个子块内的像素值求均值得到该图像块的特征因子，并将所有图像块的特征因子连接起来作为该幅图像的一个方向和尺度上的特征 f_i；最后将所有滤波后的图像的特征拼接起来[即 $F = (f_1, f_2, \cdots, f_n)$]作为图像 $I(x, y)$ 的 gist 特征。图 2.5 给出了不同场景图像及其对应的 gist 特征(可视化后)。从图中可以看出，不同类别的场景图像对应的 gist 特征具有明显差异，因此 gist 特征在场景识别任务中可以取得不错的效果。

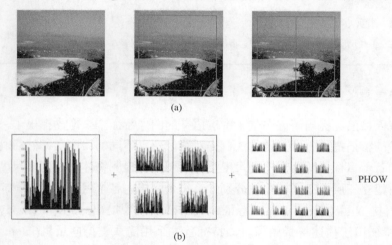

(a)

(b)

图 2.4 PHOW 特征提取示意图[23]

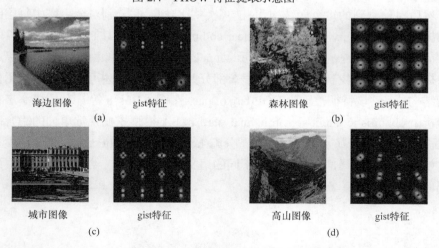

海边图像　gist特征　　森林图像　gist特征
(a)　　　　　　　　　　(b)

城市图像　gist特征　　高山图像　gist特征
(c)　　　　　　　　　　(d)

图 2.5 不同场景图像及其对应的 gist 特征

表 2.2 为 LBP、SIFT 和 gist 特征的对比。总体说来，不同的底层特征能从不同的角度描述场景图像的本质内容，计算相对简单，能够降低场景识别算法的计算复杂度。但随着场景图像的类别越来越多，内容越来越复杂，底层特征有时不能很好地体现图像的高层语义信息。

表 2.2　LBP、SIFT 和 gist 特征的对比

纹理特征及形状特征	优点	缺点
LBP[14]	计算简单、直观、具有旋转不变性	对图像尺度、视角变化敏感
SIFT[15]	对图像平移缩放、尺度变换、亮度变化和视角变化都具有一定的鲁棒性	缺乏空间布局信息
gist[16]	计算简单、擅长描述场景的整体布局	描述背景复杂或目标密集的场景图像时性能较差

2.1.2　中层语义特征

研究人员已经提出了许多基于中层语义的图像特征。Li 等[28]提出了一种基于中层语义的特征描述方法，该方法首先对图像建立不同的尺度层，然后利用预先训练好的若干目标检测器在不同尺度空间的图像上检测物体来得到多尺度的响应图，最后建立三层金字塔网格，分别计算每个网格内各个目标的最大响应值，这些响应值构成了 Object Bank 特征。Sadeghi 等[29]提出 LPR(latent pyramidal regions)特征用于描述场景图像。该特征首先采用隐式支持向量机(latent support vector machines，LSVM)训练出若干个能够检测特定形状和结构的图像区域检测器；然后对检测到的每个区域构建三层金字塔结构，并分别对金字塔中每层图像分块提取 LLC(locality-constrained linear coding)[30]编码的 SIFT 特征；最后级联所有特征形成图像最终的 LPR 特征表示。Juneja 等[31]认为图像由一系列的目标或抽象目标组成，通过找到这些目标的显著部分并对其进行描述可以得到整幅图像蕴含的结构特征，该特征被称为 BOP(bag of parts)特征。Bosch 等[32]利用概率潜在语义分析(probabilistic latent semantic analysis，pLSA)模型挖掘视觉单词的隐含语义信息。Li 等[33]提出基于潜在狄利克雷分配(latent dirichlet allocation，LDA)模型的改进模型，将图像局部区域建模为不同的语义主题。表 2.3 给出了不同中层语义特征的对比。

表 2.3　不同中层语义特征的对比

中层语义特征	优点	缺点
Object Bank[28]	擅长识别和描述场景中的目标，蕴含对场景语义的理解	计算复杂度和特征维数较高
LPR[29]	擅长描述具有特定形状和结构的区域	缺乏对场景深层语义的理解
BOP[31]	擅长描述场景中的目标、边界和棱角	缺乏对场景深层语义的理解
pLSA[32]	可挖掘场景中层语义信息	潜在主题模型一般是生成式模型，通常很难有效地处理大规模数据集[34]
LDA[33]	可挖掘场景中层语义信息	潜在主题模型一般是生成式模型，通常很难有效地处理大规模数据集[34]

中层语义特征能够有效地描述场景的语义信息，在场景识别中取得了较好的效果。但是，提取中层语义特征通常需要训练目标或区域检测器对图像进行目标检测或分割，分割结果的好坏严重影响特征提取的有效性，且在某些数据集上训练的目标检测器对其他数据集不具有通用性。此外，中层语义特征一般维度较高，导致识别阶段的计算复杂度较高而大大影响场景识别算法的效率。

2.2　场景识别模型的相关方法

模式识别是指对事物或现象各种形式的信息(如数值、文字或图像)进行分析和处理，进而对事物或现象进行描述、辨认、识别和解释的过程[35]。统计机器学习是利用计算机对数据构建概率统计模型，并运用该模型对数据进行预测与分析。统计机器学习是解决模式识别问题的有效途径，即通过对有标记的数据进行学习与分析，挖掘数据的本质特征和内在规律，进而建立分类模型用来对其他未知的数据进行分析预测。采用有监督机器学习策略建立的识别(分类)模型是基于数据驱动的，因此需要利用大量有标记数据来训练分类器，才能使分类器获得较好的分类性能。然而，现实中标记样本数量稀少，较难获得；未标记样本数目众多，较容易获得[36]。研究表明，对样本的精确标注不但需要大量专业人员参与，并且标注样本花费的时间是获取样本时间的 10 倍以上[37]。因此，半监督学习和主动学习应运而生，并且快速发展起来，成为解决上述问题的关键方法。这两种学习方法都可以同时利用标记样本和未标记样本的信息来提高分类模型的识别性能，且各有优势，值得对其进一步深入研究。

2.2.1　基于有监督学习的识别方法

有监督的场景识别是根据样本集 $X = [x_1, \cdots, x_i, \cdots, x_l] \in \mathbf{R}^{m \times l}$ 及其标签集

$Y = [y_1, \cdots, y_i, \cdots, y_l]$ 学习一个映射 $X \rightarrow Y$，用以预测测试样本的标签，其中，m 为特征维度，l 为样本数目。常用的有监督的场景识别方法有 K-NN、SVM、线性判别分析(linear discriminative analysis，LDA)、朴素贝叶斯(naive Bayes，NB)、决策树(decision tree，DT)、逻辑回归(logistic regression，LR)和神经网络(neural network，NN)等。Liu 等[38]提出了局部线性 K-NN 模型，在场景识别任务中取得了较好的识别效果。对于每个测试样本，该模型首先以稀疏性和局部性为约束，采用所有的训练样本对某个测试样本进行线性表示，得到该样本的表示系数；然后将该系数分别作为局部线性 K-NN 分类器(locally linear K-NN model based classifier，LLKNNC)和局部线性最近均值分类器(locally linear nearest mean classifier，LLNMC)的输入来实现对该测试样本的识别。Sun 等[39]利用 SVM 设计了一个两级的概率识别模型用于对场景图像进行识别。该模型首先将提取的两种特征分别输入第一级的两个独立的概率 SVM，得到对应于每个特征的后验概率；然后将所有特征的后验概率组成特征向量，输入第二级 SVM 来对场景图像进行最终的识别。Wu 等[40]基于部分连接的神经网络(partially connected neural evolutionary model，PARCONE)提出了一种识别多类场景的方法。Qin 等[41]提出了一种基于分类的增量式可视码本训练方法来识别不同类别的场景图像。Kwitt 等[42]提出了基于语义流形的空间金字塔匹配(spatial pyramid matching on the semantic manifold，SPMSM)方法进行场景分类。该方法可以建立语义单纯形与黎曼流形之间的联系。Zhang 等[43]在概率视角下挖掘局部特征的低冗余拓扑和判别拓扑信息，并将其进一步集成到场景识别分类器中。随着深度学习的兴起及其展现的优越性能，研究人员提出了许多基于深度学习机制的场景识别方法[44,47]。如 Khan 等[48]提出了一种基于深度学习的谱特征提取方法。该方法将深度神经网络提取的卷积特征在谱域中进行表示，以有效提高网络的识别能力，从而取得令人满意的场景识别效果。Herranz 等[46]利用尺度特异性的卷积神经网络(convolutional neural networks，CNNs)构建了一个多尺度深度网络结构，即将不同尺度的、在 ImageNet 数据库上预训练的 CNNs 和利用 Places 数据库预训练的 CNNs 进行结合。该方法不仅可以提高场景识别性能，而且可以有效削弱数据集偏差对模型性能的影响。Guo 等[49]提出了一种局部监督的深度混合模型(locally supervised deep hybrid model，LS-DHM)来编码和增强卷积特征。该模型利用局部卷积监督操作来将标签信息直接传递给卷积层，且利用 fisher 向量来对卷积特征图进行编码，取得了较好的场景识别效果。Zhu 等[50]提出了一种基于 RGBD 彩色图像和深度图像的判别多模态特征融合方法来对室内场景进行识别。该方法考虑了所有样本模态内和模态间相关性，并将学习到的特征进行正则化，使其同时具有紧凑性和可区分性。

虽然上述方法均取得了良好的场景识别结果，但其需要大量的有标记数据来学习图像的表示或训练分类模型，标记样本过少会导致学习到的模型过拟合而缺乏泛化能力，这大大限制了有监督场景识别方法的实际应用范围[51]。因为在实际问题中，收集大量的数据，特别是有标记的图像或视频数据，是一个非常耗时耗力的过程。

2.2.2　基于半监督学习的识别方法

半监督学习是近年来国内外研究的热点之一。半监督学习主要研究如何利用较容易获取的未标记数据来辅助分类模型的学习，进而提高学习到的分类模型的预测能力。假设样本集为 $X = [x_1, \cdots, x_l, \cdots, x_n] \in \mathbf{R}^{m \times n}$，其中 $\{x_1, x_2, \cdots, x_l\}$ 为有标记的样本集，其标签为 $Y = [y_1, y_2, \cdots, y_l]$，$\{x_{l+1}, x_{l+2}, \cdots, x_n\}$ 为无标记样本集，且 $n - l \gg l$。半监督场景识别方法能够同时利用标记样本和未标记样本学习一个映射 $X \to Y$，并使该映射比仅采用标记样本学习的映射更具判别性。半监督学习的方法通常可以分为四类：半监督分类、半监督回归、半监督聚类和半监督降维[52]。

半监督学习的概念由 Shahshahani 等提出，用于解决遥感图像的分类问题[53]。随后，基于半监督学习的方法被广泛应用于场景识别问题中[54-60]。基于图的半监督学习是近年来的研究热点[61]。基于图的半监督学习方法构造一个加权图，其中节点表示数据集中的样本，用边连接相似的样本，边的权值反映样本之间的相似性。例如，Xie 等[54]提出了基于拉普拉斯图正则化约束的半监督回归方法对固定场景的序列图像进行天气状况的识别。定义有标记样本集为 $\left\{(x_n, y_n)\right\}_{n=1}^{N}$ (其中 x_n 和 y_n 分别代表样本和标签)，未标记样本集为 $\left\{(x_m)\right\}_{m=1}^{M}$，采用拉普拉斯图正则化约束的最小二乘回归为

$$E(f) = \sum_{n=1}^{N} \| y_n - f(x_n) \|^2 + \gamma_{\mathrm{A}} \| f \|_{\mathrm{K}}^2 + \gamma_{\mathrm{I}} \| f \|_{\mathrm{G}}^2 \tag{2.1}$$

式中，f 代表样本空间到标签空间的映射；$\| f \|_{\mathrm{K}}^2$ 代表再生核希尔伯特空间(reproducing kernel Hilbert space, RKHS)范数，该项是为了确保 f 对标记样本的分布是平滑的；$\| f \|_{\mathrm{G}}^2$ 代表拉普拉斯图正则化，该项是为了确保 f 对标记样本和未标记样本的分布是平滑的；γ_{A} 和 γ_{I} 是方法中的参数。在该方法中，如何构建拉普拉斯图是关键，文献作者提出了一种利用时间序列信息构建拉普拉斯图的方法。Im 等[55]提出了一种半监督的神经网络对场景进行理解。定义有标记样本集为 $\left\{(x_n, y_n)\right\}_{n=1}^{N}$ (其中 x_n 和 y_n 分别代表样本和标签)，未标记样本集为 $\left\{(x_m)\right\}_{m=1}^{M}$，该方法的代价函数为

$$\psi = \frac{1}{N} \sum_{i=1}^{l} V(x_n, y_n, f^*) + \lambda_m \frac{1}{N+M} \sum_{n,m=1}^{N+M} L(f_n^*, f_m^*, w_{nm}) \tag{2.2}$$

式中，f^* 代表神经网络分类器，用来预测样本的标签；λ_m 为方法参数；V 为铰链损失函数(hinge loss function)；L 为控制标记样本和未标记样本分布的约束项，该方法给出了两种构建 L 的策略。Zhou 等[62]提出了一种同时考虑局部和全局一致性(local and global consistency，LGC)的半监督学习模型，该模型通过将图中每个样本的标签信息迭代地传播给相邻的样本来估计未标记样本的标签。Li 等[63]提出了一种半监督判别分析(semi-supervised discriminant analysis，SDA)模型，该模型通过构造一个图来保持标记和未标记样本的几何结构，从而找到一个最优的低维子空间。

上述方法在图像识别领域取得了较好的效果，但其均采用单一特征或将多种特征直接拼接起来作为特征描述，再基于半监督学习的分类模型对场景进行识别。然而，采用单一的特征只能从某一角度反映场景图像的内容，在实际应用中通常很难取得满意的识别效果；采用多种特征直接拼接的方式，会破坏每种特征的结构且忽略了不同特征之间的互补信息。因此，很多学者开始研究如何有效地融合多种特征，充分挖掘特征之间的互补信息来学习分类器，从而提高场景识别方法的性能[64,65]。Yang 等[64]提出了采用半监督分层回归的方式对多种特征进行融合，取得了较好的识别效果。该方法分别构建全局分类器和局部分类器，全局分类器用来预测全部样本的标签，局部分类器用来约束局部区域内样本标签的一致性。Zhang 等[65]提出了基于 l_2 范数的半监督多特征融合模型，该模型同时采用海森图(Hessian graph)和拉普拉斯图作为图正则化约束项来保持每种特征的流形结构。

基于半监督的场景识别方法能够利用大量容易获得的未标记样本来提高分类器的性能，避免了分类器学习过程中由标记样本数量较少而导致的过拟合问题。基于多特征融合的半监督学习方法能够有效地利用标记样本和未标记样本的多种特征信息来提高场景识别算法的精度，减少高层语义和底层特征之间的语义鸿沟。但是，半监督学习方法要求样本服从如下模型假设[53]：

(1) 平滑假设，即在样本分布密集的区域内，两个相近样本的标签相似。

(2) 聚类假设，即位于同一个类簇中样本的标签在很大概率上相同。

(3) 流形假设，即高维空间中的样本降到低维空间以后，在低维空间中位于一个流形局部的样本具有相似的标签。

只有当上述模型假设成立时，无标记样本的信息才可以改善分类器的性能，否则无标签的样本不但不能提高分类器性能，反而会导致分类器的性能下降。也存在一些特殊的情况，即使半监督学习满足模型假设，无标记的样本也可能降低分类器的性能[66]。因此，需要根据实际问题来选择合适的半监督学习方法。

2.2.3 基于主动学习的识别方法

主动学习方法和半监督学习方法均可以利用未标记样本的信息来辅助分类器

学习，进而提高分类器的性能。半监督学习方法将标记样本的标签传递给未标记样本，以利用未标记样本的信息来提高分类器性能，而主动学习方法则迭代地从未标记样本集中选择出一部分携带大量信息、有利于快速提高分类器性能的样本进行标注，并将其加入有标记样本集中，进而充分提高分类器的泛化能力和分类性能。

主动学习的概念由 Angluin[67]提出，其适用性广泛且能有效减少人类标注样本的负担，已成为计算机视觉与模式识别领域的研究热点，并广泛应用于场景识别问题中。根据文献[36]，主动学习方法大体上可以分为三类：基于流的方法[68,69]、基于委员会的方法[70]和基于池的方法[71-73]。基于流的方法以流的方式依次选择一个未标记样本，若该样本满足预先设置的选择指标，则对其进行人工标注，反之抛弃该样本。基于委员会的方法训练一组分类器(每个分类器看作一个成员)，然后以成员投票的方式来选择最有用的未标记样本进行人工标注。基于池的方法假设存在一个含有大量未标记样本的数据池，利用某种策略从池中选择对当前分类器最有利的样本进行标记。基于池的方法是目前应用范围相对更广、相对更受关注的方法。基于池的主动学习方法是一个循环迭代的过程，其基本流程如图 2.6 所示。首先，利用有标记训练样本集学习一个初始的分类模型；然后，利用该模型从无标记样本集中查询能够有效提高分类性能的样本，对其进行人工标注类别后加入训练样本集，并重新学习分类模型。上述过程循环迭代直到分类模型达到分类性能指标或预先设置的循环次数时停止。在基于池的主动学习方法中，最核心的问题是如何定义样本评价指标来对未标记样本集中的样本进行排序，从而选择出更有利于快速提高分类器性能的未标记样本。评价未标记样本的指标通常有两种：信息性和代表性。

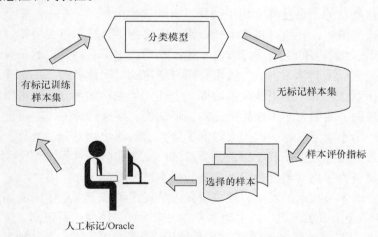

图 2.6　基于池的主动学习方法的基本流程

信息性指标用于选择信息量最大的样本，从而充分降低分类器的不确定性[36]。

典型的评价样本信息性的方法有[74]：①基于最大边界启发式的方法，该方法选择最接近分类边界的样本作为信息量最大的样本[75,76]；②基于后验概率的方法，该方法利用后验概率度量候选样本的不确定性[77,78]。信息性指标通常仅考虑样本自身的不确定性，不考虑未标记数据的空间分布信息，因此可能会导致严重的样本选择偏差，从而无法有效地提升分类器的性能[79]。

代表性指标用于选择最具代表性的样本，这些样本可以最大限度地保留未标记数据集的总体分布信息[80]。基于代表性的主动学习方法通常采用聚类技术[81,82]从样本分布密度较高的区域中选取样本。仅利用代表性指标的主动学习方法可能需要选择相对大量的样本来标记，才能收敛到一个较好的解空间[79]。

由于单独采用这两种类型指标之一的主动学习方法都不足以获得最佳性能，因此一些研究人员尝试选择同时具有高信息性和高代表性的未标记样本[80]。Huang 等[83]基于主动学习的最大-最小视图提出了一种系统的方法来同时度量样本的信息性和代表性。Freytag 等[84,85]提出了一种基于高斯过程回归的主动学习方法，该方法自动选择具有可利用性和可探索性的未标记样本进行标注。Donmez 等[86]提出了一种结合不确定性和密度信息来挑选未标记数据的动态方法，该方法根据估计算法的未来残差量减少值，自适应地更新策略选择参数。Wang 等[80,87]在主动学习中引入了经验风险最小化原理，利用最大均值差异来度量分布差异，得到了主动学习风险的经验上界。虽然上述主动学习方法结合了信息性和代表性作为样本选择的标准，但它们都局限于仅能解决二分类问题。近年来，解决多分类问题的主动学习算法被提出并得到广泛应用。Li 等[88]提出了一种串行的主动学习方法，该方法首先根据概率差度量未标记样本的信息性，然后根据期望误差的减少量来从所选的信息性样本集中选择具有代表性的样本。Ebert 等[79]分析了不同的样本选择指标，并通过将样本选择指标定义为一个马尔可夫决策过程，提出了一种基于强化学习的主动学习方法。Mac 等[90]提出了一种分层的子查询评估方法来在图上进行主动学习，该方法可在用户指定的时间预算内，平衡样本的可利用性和可探索性，并不断更新决策边界。上述几个主动学习方法均可以解决多分类问题，然而，它们忽略了原始数据的流形结构，导致选择的样本可能都来自样本空间中一个小局部区域，这大大降低了分类器的泛化能力[91]。此外，这些方法中的样本选择指标大多是基于传统分类器(如 SVM 和高斯过程模型)设计的，很少有人研究如何为字典学习算法设计合适的样本选择标准。

随着主动学习技术的发展，很多研究人员提出了基于主动学习的场景识别方法。Li 等[92]提出多层自适应的主动学习方法来对场景图像进行识别，该方法在图像的场景语义(高级抽象水平)和潜在的物体语义(语义中间水平)上分别采用主动学习机制，并给出一种自适应策略来自动交替地执行这两种类型的主动学习。在该方法中，采用最大条件互信息作为样本选择的指标。Yang 等[93]通过评价整个未标记样本空间中样本的代表性，并保证选择的未标记样本集尽量多样化，提出了一种用于解决多分类问题的主动学习方法，在场景识别问题中取得了不错的效果。

　　主动学习的主要目标是从选择未标记样本集中选择高信息量的样本扩展训练样本集，进而更有效地训练识别模型。主动学习方法虽然需要少量的人为干预，但该方法能够主动选择有益于提高分类器性能的样本，且通过标注者和学习系统进行交互的方式来构建训练样本集，对充分利用标注者的监督信号、降低人工标注成本具有重要意义。

2.3　天文场景物体检测的相关方法

　　天文场景图像可为天文学家提供有关天体物理变化和宇宙形成及演化过程的有用信息。天文场景识别与天气场景和自然场景识别不同，其主要任务是从天文场景图像中识别(检测)出大量的天体，即天文场景物体检测。天文场景物体检测主要包含图像变换和检测两个步骤，图像变换(如图像去噪、背景估计和图像增强等)是消除宇宙射线和传感器获取图像时带来的噪声和不利于物体检测的其他影响的必要手段，而检测是指识别出图像中的像素点属于背景还是物体，进而将物体从背景中分离[94]。

　　图像变换可分为基础图像变换、基于多尺度的图像变换、基于贝叶斯模型的图像变换和基于匹配滤波的图像变换。基于多尺度、贝叶斯模型和匹配滤波的变换法方法一般适用于无线电、红外或 X 射线天文图像，而基础图像变换更适用于光学和多波段的天文场景图像[94]。本书针对的是光学多波段的天文场景图像，因此在这里仅介绍基础图像变换的相关方法。

　　文献[95]~[97]采用中值滤波或均值滤波对天文场景图像进行去噪或平滑，而文献[98]和[99]采用高斯滤波对图像进行去噪。高斯滤波不仅可以对图像进行去噪，也可以对图像背景的空间变化进行平滑[100]或对微弱物体进行增强[101]。除了滤波，背景估计也是基础图像变换中的一种常用方法。目前比较好的背景估计方法是 Stetson[102]提出的 DAOPHOT 方法和 Bertin 等[103]提出的 SExtractor 方法。这两种方法都采用基于统计的方式来估计天文场景图像的背景，即首先迭代地计算图像的均值和方差，并设置一个阈值来去除图像中的异常点，然后利用去除异常点之后的图像均值和方差来估计图像局部背景。这种基于统计的背景估计方法被广泛应用于天文场景物体检测领域中[104,105]。估计出图像背景之后，需将背景从原始图像中减除，然后再进行物体检测，从而获得更好的检测效果。此外，形态学算子也是一种典型的图像变换方法。形态学算子包含两种主要的操作：膨胀和腐蚀。给定一个结构元素(滤波窗口)，膨胀操作可以扩展结构元素内的白色像素(前景)，而腐蚀操作是抑制前景，即将结构元素中的单独白色像素去除。先腐蚀后膨胀的过程称为开运算，可以消除细小的物体，在纤细处分离物体并平滑较大物体的边界。先膨胀后腐蚀的过程称为闭运算，可以填充物体内细小的空洞，连接邻近的物体并平滑物体的边界。Aptoula 等[106]和 Yang 等[95]将开运算、闭运算应用于天文场景图像物体检测任务中，达到图像增强的目的。Perret 等[104]基于形态学算子提出 HMT 方法，通过分别定义前景结构元素和背景结构元素对图像进行卷积处理来增强图像，进而使得后续的检测过程更加容易。

通过图像变换可以得到有用特征更显著的图像，在该图像上执行检测步骤可以获得更好的物体检测效果。检测方法大体可以分为基于阈值的方法和基于局部峰值搜索的方法[94]。基于阈值的方法通过设置一个阈值来判断图像中哪些区域(互相连接的像素的集合)为物体，哪些区域为背景。通过采用下列阈值化函数，原始天文场景图像 I 可以被映射为一个二值图像 I_{th}：

$$I_{th}(i,j) = \begin{cases} 1, & I(i,j) > th \\ 0, & \text{其他} \end{cases} \tag{2.3}$$

式中，$I_{th}(i,j)$ 和 $I(i,j)$ 分别代表阈值化后的二值图像 I_{th} 和原图像 I 在位置 (i,j) 处的灰度值；th 代表选取的阈值。

在基于阈值的检测方法中，选取合适的阈值是方法的关键。天文场景图像含有大量噪声，且具有变化的背景，导致选取合适的阈值非常困难。Freeman 等[97]基于对天空的估计来设置阈值，Starck 等[107]和 Lang 等[96]基于对噪声的估计来设置合适的阈值，Slezak 等[101]通过计算灰度分布的峰值来估计阈值，Hopkins 等[108]采用假阳性率(false discovery rate，FDR)来选择合适的阈值进而控制误检物体的比例。Peracaula 等[98,99]和 Torrent 等[109]通过图像灰度分布直方图估计出的噪声均值来设置局部检测阈值，Meli 等[110]采用图像信噪比的倍数来设置合适的局部阈值，文献[95]采用 Otsu 等[111]提出的最大化类间方差法来获得一个合适的检测阈值，取得了较好的检测效果。

基于局部峰值搜索的检测方法在某个像素的局部邻域里搜索具有最大灰度值的像素点，进而查找属于物体的全部像素点。其表达式为

$$I_{lps}(i,j) = \begin{cases} 1, & I(i,j) \geqslant I(k,l) \\ 0, & \text{其他} \end{cases} \tag{2.4}$$

式中，$I(i,j)$ 代表图像中像素点 (i,j) 的灰度值；$I(k,l)$ 代表像素点 (i,j) 邻域内的像素灰度值。文献[112]和[113]提出基于局部峰值搜索的方法对天文场景图像中的物体进行检测，但基于局部峰值搜索的方法更适合检测星星和其他点光源物体，而不适合检测复合的星系等物体。

2.4 本章小结

本章从场景图像描述、识别模型构建和天文场景物体检测三方面详细介绍了场景识别与分析的相关方法和技术。对于场景图像的表示，分别介绍了经典的图像底层特征和中层语义特征描述方法。从是否利用未标记样本的角度出发，将场景识别方法分为基于有监督学习、基于半监督学习和基于主动学习的识别方法三类，并分别介绍了每类方法的基本思想、优缺点。最后介绍了天文场景物体检测中图像变换和物体检测的相关方法。

参 考 文 献

[1] Yang N C, Chang W H, Kuo C M, et al. A fast MPEG-7 dominant color extraction with new similarity measure for image retrieval[J]. Journal of Visual Communication and Image Representation, 2008, 19(2): 92-105.

[2] Islam M M, Zhang D, Lu G. A geometric method to compute directionality features for texture images[C]//IEEE International Conference on Multimedia and Expo, Hannover, 2008: 1521-1524.

[3] Li S, Shawe-Taylor J. Comparison and fusion of multiresolution features for texture classification [J]. Pattern Recognition Letters, 2005, 26(5): 633-638.

[4] Leung W H, Chen T. Trademark retrieval using contour-skeleton stroke classification[C]// Proceedings of 2002 IEEE International Conference on Multimedia and Expo, Lausanne, 2002, 2: 517-520.

[5] Liu Y, Zhang J, Tjondronegoro D, et al. A shape ontology framework for bird classification[C]// Biennial Conference of the Australian Pattern Recognition Society on Digital Image Computing Techniques and Applications, Glenelg, 2007: 478-484.

[6] Tsai C F. Image mining by spectral features: A case study of scenery image classification[J]. Expert Systems with Applications, 2007, 32(1): 135-142.

[7] Stanchev P L, Green D, Dimitrov B. High level color similarity retrieval[J]. International Journal "Information Theories & Applications", 2003, 10: 283-287.

[8] Jain A K, Vailaya A. Image retrieval using colour and shape[J]. Pattern Recognition, 1996, 29(8): 1233-1244.

[9] Flickner M, Sawhney H, Niblack W, et al. Query by image and video content: The QBIC system[J]. Computer, 1995, 28(9): 23-32.

[10] Pass G, Zabih R. Histogram refinement for content-based image retrieval[C]//Proceedings of the 3rd IEEE Workshop on Applications of Computer Vision, Sarasota, 1996: 96-102.

[11] Huang J, Kumar S R, Mitra M, et al. Image indexing using color correlograms[C]//Proceedings of 1997 IEEE Computer Society Conference on Computer Vision and Pattern Recognition, San Juan, 1997: 762-768.

[12] Zhang D, Islam M M, Lu G. A review on automatic image annotation techniques[J]. Pattern Recognition, 2012, 45(1): 346-362.

[13] Sonka M, Hlavac V, Boyle R. Image Processing, Analysis, and Machine Vision[M]. 2nd ed.

Pacific Grove: PWS Publishing, 1999.

[14] Ojala T, Pietikäinen M, Harwood D. A comparative study of texture measures with classification based on featured distributions[J]. Pattern Recognition, 1996, 29(1): 51-59.

[15] Lowe D G. Distinctive image features from scale-invariant keypoints[J]. International Journal of Computer Vision, 2004, 60(2): 91-110.

[16] Oliva A, Torralba A. Modeling the shape of the scene: A holistic representation of the spatial envelope[J]. International Journal of Computer Vision, 2001, 42(3): 145-175.

[17] Chen Z, Yang F, Lindner A, et al. How is the weather: Automatic inference from images[C]//The 19th IEEE International Conference on Image Processing, Orlando, 2012: 1853-1856.

[18] 李锦锋, 许勇. 基于 LBP 和小波纹理特征的室内室外场景分类算法[J]. 中国图象图形学报, 2010, 15(5): 742-748.

[19] Cheriyadat A M. Unsupervised feature learning for aerial scene classification[J]. IEEE Transactions on Geoscience and Remote Sensing, 2014, 52(1): 439-451.

[20] Lazebnik S, Schmid C, Ponce J. Beyond bags of features: Spatial pyramid matching for recognizing natural scene categories[C]//IEEE Computer Society Conference on Computer Vision and Pattern Recognition, New York, 2006, 2: 2169-2178.

[21] Zhang C, Wang S, Huang Q, et al. Image classification using spatial pyramid robust sparse coding[J]. Pattern Recognition Letters, 2013, 34(9): 1046-1052.

[22] Abdel-Hakim A E, Farag A A. CSIFT: ASIFT descriptor with color invariant characteristics [C]//2006 IEEE Computer Society Conference on Computer Vision and Pattern Recognition, New York, 2006: 1978-1983.

[23] Bosch A, Zisserman A, Munoz X. Image classification using random forests and ferns[C]//International Conference on Computer Vision, Rio de Janeiro, 2007: 1-8.

[24] Oliva A, Torralba A. Building the gist of a scene: The role of global image features in recognition[J]. Progress in Brain Research, 2006, 155: 23-36.

[25] Swadzba A, Wachsmuth S. Indoor scene classification using combined 3D and gist features[C]// Asian Conference on Computer Vision, Queenstown, 2010: 201-215.

[26] Han Y, Liu G. A hierarchical GIST model embedding multiple biological feasibilities for scene classification[C]//International Conference on Pattern Recognition, Istanbul, 2010: 3109-3112.

[27] 杨昭, 高隽, 谢昭, 等. 局部 Gist 特征匹配核的场景分类[J]. 中国图象图形学报, 2013, 18(3): 264-270.

[28] Li L J, Su H, Li F F, et al. Object bank: A high-level image representation for scene classification & semantic feature sparsification[C]//Advances in Neural Information Processing Systems, Vancouver, 2010: 1378-1386.

[29] Sadeghi F, Tappen M F. Latent pyramidal regions for recognizing scenes[C]//European Conference on Computer Vision, Florence, 2012: 228-241.

[30] Wang J, Yang J, Yu K, et al. Locality-constrained linear coding for image classification[C]// Computer Vision and Pattern Recognition, San Francisco, 2010: 3360-3367.

[31] Juneja M, Vedaldi A, Jawahar C V, et al. Blocks that shout: Distinctive parts for scene classification[C]//Proceedings of the IEEE Conference on Computer Vision and Pattern

Recognition, Portland, 2013: 923-930.

[32] Bosch A, Zisserman A, Muñoz X. Scene classification via pLSA[C]//European Conference on Computer Vision, Graz, 2006: 517-530.

[33] Li F F, Perona P. A Bayesian hierarchical model for learning natural scene categories[C]//2005 IEEE Computer Society Conference on Computer Vision and Pattern Recognition, San Diego, 2005, 2: 524-531.

[34] Song X, Jiang S, Herranz L. Joint multi-feature spatial context for scene recognition on the semantic manifold[C]//Proceedings of the IEEE Conference on Computer Vision and Pattern Recognition, Boston, 2015: 1312-1320.

[35] 史海成, 王春艳, 张媛媛. 浅谈模式识别[J]. 今日科苑, 2007, (22):169-169.

[36] Settles B. Active learning literature survey[R]. Computer Sciences Technical Report 1648, Madison: University of Wisconsin-Madison, 2009.

[37] Zhu X J. Semi-supervised learning literature survey[R]. Computer Sciences Technical Report 1530, Madison: University of Wisconsin-Madison, 2005.

[38] Liu Q, Liu C. A novel locally linear KNN model for visual recognition[C]//Proceedings of the IEEE Conference on Computer Vision and Pattern Recognition, Boston, 2015: 1329-1337.

[39] Sun Z L, Rajan D, Chia L T. Scene classification using multiple features in a two-stage probabilistic classification framework[J]. Neurocomputing, 2010, 73(16): 2971-2979.

[40] Wu Y, Pan W. Multi-class scene recognition based on codal module and neural network[C]//2011 IEEE the 3rd International Conference on Communication Software and Networks, Xi'an, 2011: 145-149.

[41] Qin J, Yung N H C. Category-specific incremental visual codebook training for scene categorization[C]//2010 IEEE International Conference on Image Processing, Hong Kong, 2010: 1501-1504.

[42] Kwitt R, Vasconcelos N, Rasiwasia N. Scene recognition on the semantic manifold[C]//European Conference on Computer Vision, Florence, 2012: 359-372.

[43] Zhang L, Ji R, Xia Y, et al. Learning a probabilistic topology discovering model for scene categorization[J]. IEEE Transactions on Neural Networks and Learning Systems, 2014, 26(8): 1622-1634.

[44] Yuan Y, Mou L, Lu X. Scene recognition by manifold regularized deep learning architecture[J]. IEEE Transactions on Neural Networks and Learning Systems, 2015, 26(10): 2222-2233.

[45] Zhou B, Lapedriza A, Xiao J, et al. Learning deep features for scene recognition using places database[C]//Advances in Neural Information Processing Systems, Montreal, 2014: 487-495.

[46] Herranz L, Jiang S, Li X. Scene recognition with CNNs: Objects, scales and dataset bias[C]// Proceedings of the IEEE Conference on Computer Vision and Pattern Recognition, Las Vegas, 2016: 571-579.

[47] Dixit M, Chen S, Gao D, et al. Scene classification with semantic fisher vectors[C]//Proceedings of the IEEE Conference on Computer Vision and Pattern Recognition, Boston, 2015: 2974-2983.

[48] Khan S H, Hayat M, Porikli F. Scene categorization with spectral features[C]//Proceedings of the IEEE International Conference on Computer Vision, Venice, 2017: 5638-5648.

[49] Guo S, Huang W, Wang L, et al. Locally supervised deep hybrid model for scene recognition[J]. IEEE Transactions on Image Processing, 2016, 26(2): 808-820.

[50] Zhu H, Weibel J B, Lu S. Discriminative multi-modal feature fusion for RGBD indoor scene recognition[C]//Proceedings of the IEEE Conference on Computer Vision and Pattern Recognition, Las Vegas, 2016: 2969-2976.

[51] Zhang L, Zhang D. Visual understanding via multi-feature shared learning with global consistency[J]. IEEE Transactions on Multimedia, 2016, 18(2): 247-259.

[52] 刘建伟, 刘媛, 罗雄麟. 半监督学习方法[J]. 计算机学报, 2015, 38(8): 1592-1617.

[53] Shahshahani B M, Landgrebe D A. The effect of unlabeled samples in reducing the small sample size problem and mitigating the Hughes phenomenon[J]. IEEE Transactions on Geoscience and Remote Sensing, 1994, 32(5): 1087-1095.

[54] Xie L, Carreira-Perpinán M A, Newsam S. Semi-supervised regression with temporal image sequences[C]//2010 IEEE International Conference on Image Processing, Hong Kong, 2010: 2637-2640.

[55] Im J, Taylor G W. Improving semi-supervised neural networks for scene understanding by learning the neighborhood graph[C]//IEEE CVPR Workshop on Scene Understanding, Columbus, 2014.

[56] Li J, Li J. A novel semi-supervised multi-instance learning approach for scene recognition[C]//2012 The 9th International Conference on Fuzzy Systems and Knowledge Discovery, Chongqing, 2012: 1206-1210.

[57] Han X H, Chen Y W, Ruan X. Semi-supervised and interactive semantic concept learning for scene recognition[C]//2010 The 20th International Conference on Pattern Recognition, Istanbul, 2010: 3045-3048.

[58] Lu X, Li X, Mou L. Semi-supervised multitask learning for scene recognition[J]. IEEE Transactions on Cybernetics, 2015, 45(9): 1967-1976.

[59] Dopido I, Li J, Plaza A, et al. Semi-supervised active learning for urban hyperspectral image classification[C]//2012 IEEE International Geoscience and Remote Sensing Symposium, Munich, 2012: 1586-1589.

[60] Shrivastava A, Singh S, Gupta A. Constrained semi-supervised learning using attributes and comparative attributes[C]//European Conference on Computer Vision, Florence, 2012: 369-383.

[61] Zhao M, Zhang Z, Chow T W S, et al. Soft label based linear discriminant analysis for image recognition and retrieval[J]. Computer Vision and Image Understanding, 2014, 121: 86-99.

[62] Zhou D, Bousquet O, Lal T N, et al. Learning with local and global consistency[C]//Advances in Neural Information Processing Systems, Vancouver, 2004: 321-328.

[63] Li P, Bu J, Chen C, et al. Relational multi-manifold co-clustering[J]. IEEE Transactions on Cybernetics, 2013, 43(6): 1871-1881.

[64] Yang Y, Song J, Huang Z, et al. Multi-feature fusion via hierarchical regression for multimedia analysis[J]. IEEE Transactions on Multimedia, 2013, 15(3): 572-581.

[65] Zhang L, Zhang D. Visual understanding via multi-feature shared learning with global consistency[J]. IEEE Transactions on Multimedia, 2016, 18(2): 247-259.

[66] Ben-David S, Lu T, Pál D. Does unlabeled data provably help? Worst-case analysis of the sample complexity of semi-supervised learning[C]//Conference on Learning Theory, Helsinki, 2008: 33-44.

[67] Angluin D. Queries and concept learning[J]. Machine Learning, 1988, 2: 319-342.

[68] Cohn D, Atlas L, Ladner R. Improving generalization with active learning[J]. Machine Learning, 1994, 15(2): 201-221.

[69] King R D, Whelan K E, Jones F M, et al. Functional genomic hypothesis generation and experimentation by a robot scientist[J]. Nature, 2004, 427(6971): 247-252.

[70] Seung H S, Opper M, Sompolinsky H.Query by committee[C]//Proceedings of the Fifth Annual Workshop on Computational Learning Theory, Pittsburgh Pennsylvania, 1992: 287-294.

[71] Chakraborty S, Balasubramanian V, Panchanathan S. Dynamic batch mode active learning[C] //2011 IEEE Conference on Computer Vision and Pattern Recognition, Colorado, 2011: 2649-2656.

[72] McCallumzy A K, Nigamy K. Employing EM and pool-based active learning for text classification[C]//Proceedings of International Conference on Machine Learning, Madison, 1998: 359-367.

[73] Kapoor A, Grauman K, Urtasun R, et al. Active learning with gaussian processes for object categorization[C]//2007 IEEE The 11th International Conference on Computer Vision, Rio De Janeiro, 2007: 1-8.

[74] Wang Z, Feng Y, Qi T, et al. Adaptive multi-view feature selection for human motion retrieval[J]. Signal Processing, 2016, 120: 691-701.

[75] Freytag A, Rodner E, Bodesheim P, et al. Rapid uncertainty computation with Gaussian processes and histogram intersection kernels[C]//Asian Conference on Computer Vision, Daejeon, 2012: 511-524.

[76] Li X, Guo Y. Active learning with multi-label SVM classification[C]//The Twenty-Third International Joint Conference on Artificial Intelligence, Beijing, 2013: 1479-1485.

[77] Luo T, Kramer K, Goldgof D B, et al. Active learning to recognize multiple types of plankton[J]. Journal of Machine Learning Research, 2005, 6(4): 589-613.

[78] Roy N, McCallum A. Toward optimal active learning through Monte Carlo estimation of error reduction[J]. ICML, Williamstown, 2001, 441-448.

[79] Ebert S, Fritz M, Schiele B. Ralf: A reinforced active learning formulation for object class recognition[C]//2012 IEEE Conference on Computer Vision and Pattern Recognition, Providence, 2012: 3626-3633.

[80] Wang Z, Ye J. Querying discriminative and representative samples for batch mode active learning[J]. ACM Transactions on Knowledge Discovery from Data, 2015, 9(3): 17.

[81] Nguyen H T, Smeulders A. Active learning using pre-clustering[C]//Proceedings of the Twenty-First International Conference on Machine Learning, Banff, 2004: 79.

[82] Dasgupta S, Hsu D. Hierarchical sampling for active learning[C]//Proceedings of the 25th International Conference on Machine Learning, Helsinki, 2008: 208-215.

[83] Huang S J, Jin R, Zhou Z H. Active learning by querying informative and representative

examples[C]//Advances in Neural Information Processing Systems, Whistler, 2010: 892-900.

[84] Freytag A, Rodner E, Bodesheim P, et al. Labeling examples that matter: Relevance-based active learning with Gaussian processes[C]//German Conference on Pattern Recognition, Saarbrücken, 2013: 282-291.

[85] Freytag A, Rodner E, Denzler J. Selecting influential examples: Active learning with expected model output changes[C]//European Conference on Computer Vision, Zurich, 2014: 562-577.

[86] Donmez P, Carbonell J G, Bennett P N. Dual strategy active learning[C]//European Conference on Machine Learning, Warsaw, 2007: 116-127.

[87] Wang Z, Du B, Zhang L, et al. A batch-mode active learning framework by querying discriminative and representative samples for hyperspectral image classification[J]. Neurocomputing, 2016, 179: 88-100.

[88] Li C, Zhao P, Wu J, et al. A serial sample selection framework for active learning[C]//International Conference on Advanced Data Mining and Applications, Guilin, 2014: 435-446.

[89] Qiao L, Zhang L, Chen S. Dimensionality reduction with adaptive graph[J]. Frontiers of Computer Science, 2013, 7(5): 745-753.

[90] Mac Aodha O, Campbell N D F, Kautz J, et al. Hierarchical subquery evaluation for active learning on a graph[C]//Proceedings of the IEEE Conference on Computer Vision and Pattern Recognition, Columbus, 2014: 564-571.

[91] Zhou J, Sun S. Gaussian process versus margin sampling active learning[J]. Neurocomputing, 2015, 167: 122-131.

[92] Li X, Guo Y. Multi-level adaptive active learning for scene classification[C]//European Conference on Computer Vision, Zurich, 2014: 234-249.

[93] Yang Y, Ma Z, Nie F, et al. Multi-class active learning by uncertainty sampling with diversity maximization[J]. International Journal of Computer Vision, 2015, 113(2): 113-127.

[94] Masias M, Freixenet J, Lladó X, et al. A review of source detection approaches in astronomical images[J]. Monthly Notices of the Royal Astronomical Society, 2012, 422(2): 1674-1689.

[95] Yang Y, Li N, Zhang Y. Automatic moving object detecting and tracking from astronomical CCD image sequences[C]//IEEE International Conference on Systems, Man and Cybernetics, Miyazaki, 2008: 650-655.

[96] Lang D, Hogg D W, Mierle K, et al. Astrometry. net: Blind astrometric calibration of arbitrary astronomical images[J]. The Astronomical Journal, 2010, 139(5): 1782.

[97] Freeman P E, Kashyap V, Rosner R, et al. A wavelet-based algorithm for the spatial analysis of Poisson data[J]. The Astrophysical Journal Supplement Series, 2002, 138(1): 185.

[98] Peracaula M, Lladó X, Freixenet J, et al. Segmentation and detection of extended structures in low frequency astronomical surveys using hybrid wavelet decomposition[C]//Astronomical Data Analysis Software and Systems XX, Boston, 2011, 442: 151.

[99] Peracaula M, Freixenet J, Lladó J, et al. Detection of faint compact radio sources in wide field interferometric images using the slope stability of a contrast radial function[C]//Astronomical Data Analysis Software and Systems XVIII, Québec City, 2009, 411: 255.

[100] Damiani F, Maggio A, Micela G, et al. A method based on wavelet transforms for source detection in photon-counting detector images-I. Theory and general properties[J]. The Astrophysical Journal, 1997, 483(1): 350.

[101] Slezak E, Bijaoui A, Mars G. Galaxy counts in the Coma supercluster field-II. Automated image detection and classification[J]. Astronomy and Astrophysics, 1988, 201: 9-20.

[102] Stetson P B. DAOPHOT: A computer program for crowded-field stellar photometry[J]. Publications of the Astronomical Society of the Pacific, 1987, 99(613): 191.

[103] Bertin E, Arnouts S. SExtractor: Software for source extraction[J]. Astronomy and Astrophysics Supplement Series, 1996, 117(2): 393-404.

[104] Perret B, Lefevre S, Collet C. A robust hit-or-miss transform for template matching applied to very noisy astronomical images[J]. Pattern Recognition, 2009, 42(11): 2470-2480.

[105] Lazzati D, Campana S, Rosati P, et al. The brera multiscale wavelet ROSAT HRI source catalog-I. The Algorithm[J]. The Astrophysical Journal, 1999, 524(1): 414.

[106] Aptoula E, Lefevre S, Collet C. Mathematical morphology applied to the segmentation and classification of galaxies in multispectral images[C]//2006 the 14th European Signal Processing Conference, Florence, 2006: 1-5.

[107] Starck J L, Fadili J M, Digel S, et al. Source detection using a 3D sparse representation: Application to the Fermi Gamma-ray space telescope[J]. Astronomy & Astrophysics, 2009. 504(2): 641-652.

[108] Hopkins A M, Miller C J, Connolly A J, et al. A new source detection algorithm using the false-discovery rate[J]. The Astronomical Journal, 2002, 123(2): 1086.

[109] Torrent A, Peracaula M, Lladó X, et al. Detecting faint compact sources using local features and a boosting approach[C]//2010 the 20th International Conference on Pattern Recognition, Istanbul, 2010: 4613-4616.

[110] Melin J B, Bartlett J G, Delabrouille J. Catalog extraction in SZ cluster surveys: A matched filter approach[J]. Astronomy & Astrophysics, 2006, 459(2): 341-352.

[111] Otsu N. A threshold selection method from gray-level histograms[J]. Automatica, 1975, 11(285-296): 23-27.

[112] Savage R S, Oliver S. Bayesian methods of astronomical source extraction[J]. The Astrophysical Journal, 2007, 661(2): 1339.

[113] López-Caniego M, Herranz D, Sanz J L, et al. Detection of point sources on two-dimensional images based on peaks[J]. EURASIP Journal on Applied Signal Processing, 2005: 2426-2436.

第 3 章　基于主动判别字典学习的场景识别

3.1　引　　言

场景识别是计算机视觉与机器学习领域的一个重要研究课题，其在许多实际应用领域中起着关键作用，如人机交互、图像检索和自动驾驶等[1,2]。目前，场景识别已取得了一定进展，然而，图像中物体在尺度、视角和布局上的高度多样性，使得场景识别仍是一个具有挑战性的研究课题。

近年来，场景识别引起了研究人员的广泛关注，许多场景识别方法被提出[3]，例如 Choi 等[4]提出了一种基于超图的建模方法来提取场景语义属性的高阶关系，进而实现对场景的识别；Xie 等[5]通过对场景图像的方向上下文进行建模，提出了一种基于方向金字塔匹配的室内场景分类方法。随着深度学习的兴起及其在计算机视觉领域取得的成就，研究人员提出了许多基于深度学习的场景识别方法[6-8]。虽然这些方法在场景识别中取得了较好的效果，但是通常需要大量的数据集来训练分类器。在实际应用中，对大量样本进行人工标注是非常枯燥且耗时耗力的，因此研究如何在减少人工标注代价的前提下获得具有较好性能的分类器具有深远意义。主动学习正是基于此目的提出的一种学习机制，该机制通过选择对当前分类器最有价值的样本进行人工标注后扩展训练样本集，从而强化分类模型的训练。鉴于主动学习在多个应用场景取得的显著效果，其已被引入场景识别领域中[9-12]。

字典学习是近年来机器学习和模式识别领域中的研究热点，在图像识别领域得到了广泛应用[13-16]。通过利用训练数据集的标签信息，一些有监督的字典学习方法可以学习出具有判别性的字典进而完成分类识别的任务。在有监督的字典学习方法中，基于稀疏表示的分类(sparse representation based classification，SRC)[17]算法直接利用全部的有标签训练样本作为字典原子，然后采用不同类别的字典原子重构测试样本，测试样本的类别被归为具有最小重构误差的那一类。SRC 算法在人脸识别领域取得了不错的效果，但是当图像包含噪声和冗余信息时，SRC 算法由于不能充分挖掘训练图像集的判别信息而导致分类效果较差。为了解决这个问题，研究人员提出了判别字典学习方法，该方法不直接采用原始训练样本作为字典，而是从训练样本中学习出更具判别性的字典来实现对测试样本的分类。在判别字典学习方法中，测试样本的标签可以通过样本重构误差或样本重构系数来预测[18]。Jiang 等[19]提出了标签一致 K 奇异值分解(label consistent k-singular value decomposition，LC-K-SVD)算法。该算法从训练样本中学习字典，并采用判别稀疏编码误差项和判别分类误差项来约束字典学习过程，使学习到的字典更具表示能力和判别能力。Yang 等[20]提出一种基于 Fisher 准则的判别字典学习(Fisher discrimination dictionary learning，FDDL)算法。该算法能够学习出结构化的判别字典进而更好地解决分类问题。上述字典学习算法基本都采用基于 l_0 范数或 l_1 范数的稀疏正则化项来约束字典学习过程，导致算法在训练和测试阶段的计算代价较大。为了避免这个问题，Gu 等[21]提出了投影字典对学习(projective dictionary pair learning，DPL)算法。该算法同时学习一个解析字典和一个合成字典来实现信号表达和分类的目的。DPL 算法可以有效地避免求解 l_0 范数或 l_1 范数，大大增加了字典学习的效率。但是，DPL 算法仍需要大量的有标记训练样本来学习字典，才能使得学习出的字典具有较好的判别分类能力。因此，本章将主动学习机制引入 DPL 算法中，实现在标记样本较少的情况下，也能够学习出具有较好判别能力的字典，进而实现对场景更有效的识别。

下面详细介绍本章提出的 ADDL 模型和 M-ADDL 模型，并将其用于解决天气场景识别和自然场景识别的问题。

3.2　基于 ADDL 的天气场景识别

本章提出一种有效的天气场景识别方法，用来对固定摄像头获取的图像中的天气状况(晴天、多云或阴天)进行识别。该方法主要由两部分组成：多角度的特征提取和 ADDL 模型的构建，图 3.1 给出了该方法的流程图。首先，分别从图像中的天空区域和非天空区域提取基于视觉表现的特征和基于物理性质的特征作为天气场景图像的描述；然后，利用有标签的训练图像集学习一个初始字典，并基于该字典的预测结果，采用样本信息性和代表性作为评价指标来迭代地从无标签图像集中选取有效的样本扩展训练样本集，进而学习一个更具有判别性、能更好完成分类任务的字典；最后，采用学习得到的字典对测试图像集进行识别。

3.2.1　多特征提取

在模式识别中，特征提取是一个关键步骤。为了表达在不同天气条件下固定摄像头获取的图像之间的差异，这里从不同角度对天气场景图像提取多种特征，即分别提取基于视觉表现的特征和基于物理特性的特征，特征提取过程如图 3.2 所示。

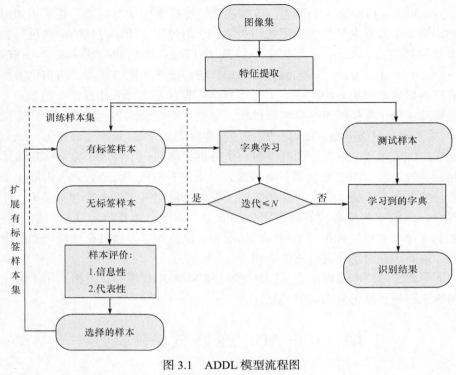

图 3.1　ADDL 模型流程图

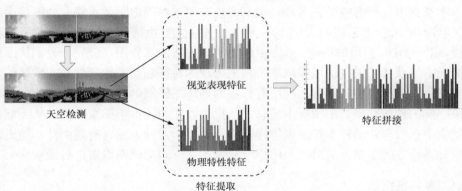

图 3.2　特征提取示意图

　　从天气场景图像的视觉表现角度出发，识别一幅室外图像中的天气状况，天空区域应该是被关注的主要部分，因为天空区域含有大量的有利于识别的信息。例如在晴天时，天空通常表现为蓝色。在阴天的情况下，大量云层的覆盖，使得天空表现为白色或灰色。多云是介于晴天和阴天之间的一种天气状况，天空由于漂浮一些云朵而展现出一定的纹理和形状特征。本章利用 Chen 等[22]提出的天空检测模型将图像划分为天空区域和非天空区域，并从图像的天空区域提取PHOW[23]、HSV 颜色特征、LBP[24]和梯度幅值特征来作为图像的视觉表现特征。

文献[22]提出的天气识别方法仅从图像的天空区域提取特征，而忽略了非天空区域的有效信息。本章依据不同天气条件下获取的场景图像的物理特性不同，从图像的非天空区域提取两种能够有效区分不同天气状况的特征：对比度和暗通道先验信息。晴天时，光线通过场景中物体的反射直接到达人眼，几乎不会衰减或改变[25-27]。阴天时，大气中各种介质对光线的影响会导致图像对比度以景深的指数倍的速度衰退[26]。因此，相同场景的图像在不同天气条件下的对比度不同。图像对比度 CON 定义如下：

$$\mathrm{CON} = \frac{E_{\max} - E_{\min}}{E_{\max} + E_{\min}} \tag{3.1}$$

式中，$E_{\max}$ 和 $E_{\min}$ 分别代表图像的最大灰度值和最小灰度值。

阴天会导致周围环境出现雾化现象[28]。文献[29]提出暗通道先验的概念，来有效地检测图像中是否含有雾霾。暗通道先验是基于大量观测提出的，即在图像中绝大多数的非天空区域的局部块里，像素点至少在 RGB 空间的一个颜色通道中具有很低的值。暗通道先验 J^{dark} 定义如下：

$$J^{\mathrm{dark}}(x) = \min_{c \in \{r,g,b\}} \left(\min_{x' \in \Omega(x)} (J^c(x')) \right) \tag{3.2}$$

式中，J^c 代表图像 J 的一个颜色通道；$\Omega(x)$ 代表以点 x 为中心的局部图像块。

综上，为了增加天气场景特征描述的判别性，使其能够更有效地区分不同的天气情况，本章从图像的天空区域提取视觉表观特征(SIFT、HSV 颜色特征、LBP和梯度幅值特征)，从非天空区域提取基于物理属性的特征(对比度和暗通道先验)，并将两者融合作为天气场景图像的特征描述。

3.2.2　投影字典对学习算法

为了综合判别字典学习算法和主动学习机制的优势，本章提出 ADDL 模型，以更好地完成天气场景识别的任务。ADDL 采用 DPL 算法[21]作为分类器，并根据样本评价指标迭代地从未标记样本集中选择部分有益的样本来扩展训练样本集，进而充分提高 DPL 算法的性能。本节主要介绍 DPL 算法，在 3.2.3 节中将介绍如何将主动学习机制引入 DPL 算法中。

给定含有 C 类样本的训练样本集 $X = [X_1, \cdots, X_c, \cdots, X_C]$ 及其标签集 $Y = [Y_1, \cdots, Y_c, \cdots, Y_C]$，其中，$X_c \in \mathrm{R}^{m \times n}$ 代表来自第 c 类的样本，Y_c 代表其对应的标签集。为了避免求解计算代价较大的 l_0 或 l_1 范数约束的稀疏编码，DPL 算法从训练样本集中同时学习出一对字典：解析字典 $P = [P_1, \cdots, P_c, \cdots, P_C] \in \mathrm{R}^{kC \times m}$ 和合成字典

$D = [D_1, \cdots, D_c, \cdots, D_C] \in \mathbb{R}^{m \times kC}$。其中，解析字典 P 用来对样本 X 进行线性投影来近似地代表字典表示系数，进而避免求解 l_0 或 l_1 范数约束的稀疏编码，合成字典 D 是具有类判别信息的字典，用来对样本 X 进行重构。DPL 算法[21]的目标函数如下：

$$\{P^*, D^*\} = \underset{P,D}{\arg\min} \sum_{c=1}^{C} \|X_c - D_c P_c X_c\|_F^2 + \lambda \|P_c \overline{X}_c\|_F^2 \tag{3.3}$$

$$\text{s.t.} \ \|d_i\|_2^2 \leqslant 1$$

式中，$D_c \in \mathbb{R}^{m \times k}$ 和 $P_c \in \mathbb{R}^{k \times m}$ 分别代表第 c 类的合成子字典和解析子字典；$\overline{X}_c$ 代表 X_c 的互补矩阵；参数 $\lambda > 0$ 用来控制 P 的判别能力；$\|\cdot\|$ 代表 Frobenius 范数；d_i 代表字典 D 的第 i 个原子。

目标函数(3.3)是非凸函数，无法给出显式解，但可以通过引入矩阵变量 A 将其转化为如下形式再进行求解：

$$\{P^*, A^*, D^*\} = \underset{P,A,D}{\arg\min} \sum_{c=1}^{C} \|X_c - D_c A_c\|_F^2 + \tau \|P_c X_c - A_c\|_F^2 + \lambda \|P_c \overline{X}_c\|_F^2 \tag{3.4}$$

$$\text{s.t.} \ \|d_i\|_2^2 \leqslant 1$$

式中，τ 为算法参数。根据文献[21]，式(3.4)可以通过迭代更新的方式进行求解。

当学习出字典 P 和 D 后，给定一个测试样本 x_t，可以通过式(3.5)预测其类标签，即分别采用每类子字典 D_c 和 P_c 重构某个测试样本时，该测试样本的标签被定义为具有最小重构误差的那一类。

$$\text{label}(x_t) = \underset{c \in \{1,2,\cdots,C\}}{\arg\min} \|x_t - D_c P_c x_t\|_2 \tag{3.5}$$

DPL 算法是一种有效且快速的字典学习算法，当其被应用于图像识别领域时，该算法需要通过大量有标签的训练样本来学习具有判别信息的字典，才能获得较好的识别效果。但在实际应用中，获取大量有标记的样本是耗时耗力、非常困难的。因此，如果能够挖掘大量存在且易于获取的无标记样本的信息，并从中选取出少量的有益样本(最有利于提高 DPL 分类性能的样本)进行标注来扩展训练样本集，那么 DPL 算法学习出的字典将比仅利用有限数量的有标记训练样本学习出的字典更具有判别性，更有利于完成分类任务。本章将主动学习机制引入 DPL 算法中，来达到在尽量减少人工标注工作量的前提下，最大限度地提高 DPL 算法分类性能的目的。

3.2.3　ADDL 模型

评价样本是否有益于提高分类器性能的方法通常可以分为两种：样本信息性和样本代表性。本章将综合这两种评价指标来从未标记样本集中选择有益的样本，并结合 DPL 算法的分类原理分别设计样本信息性和代表性评价指标的具体形式。

具体来说，采用基于样本重构误差和重构误差概率分布的熵来构建样本信息性评价指标，而样本代表性评价指标则基于未标记样本集自身的分布构建。

给定初始的有标记训练样本集 $\mathbb{D}_l = \{x_1, x_2, \cdots, x_{nl}\}$ 及其标签集 $\mathbb{Y}_l = \{y_1, y_2, \cdots, y_{nl}\}$，以及未标记样本集 $\mathbb{D}_u = \{x_{nl+1}, x_{nl+2}, \cdots, x_N\}$，其中 $x_i \in \mathbb{R}^{m \times 1}$ 代表第 i 个样本的 m 维特征向量，且 $y_i \in \{1, 2, 3\}$ 是其对应的标签(晴天、多云或阴天)。主动样本选择的目标是迭代地从未标记样本集 $\mathbb{D}_u$ 中选择出 N_s 个最有益的样本(记为 $\mathbb{D}_s$)来查询其标签 $\mathbb{Y}_s$，然后将这些样本加入训练样本集 $\mathbb{D}_l$ 中重新训练判别字典学习算法，进而提高算法的性能。

1. 样本信息性评价指标

样本信息性是指样本减少分类模型不确定性的能力。在主动学习过程中，应选择当前分类器最不能确定其类别的样本进行标注，因为这些样本可以提供更多额外的信息来进一步强化分类器的训练[30,31]。基于概率分类模型的主动学习方法通常先计算候选样本在每个类别上的概率分布，然后通过分析该概率分布来选择最具信息性的样本，如选择概率分布的熵具有最大值的样本进行人工标注[32,33]。基于委员会的主动学习方法通过综合不同分类器对候选样本的分类结果来选择最具信息性的样本，如选择多个分类器的分类结果最不一致的样本作为最具信息性的样本进行人工标注[34,35]。在基于 SVM 的主动学习方法中，最具有信息性的样本被定义为离分类超平面最近的样本[36,37]。本章采用 DPL 算法作为分类器，提出基于样本重构误差和重构误差概率分布的熵来定义样本的信息性评价指标。

对于判别字典学习来说，能被当前字典较好重构的样本无法提供更多有效的信息来进一步提高字典的判别性，而重构误差较大的样本应被关注，因为它们不能被当前字典很好地重构，即它们含有一些额外信息未被当前字典学习到。因此，样本信息性评价指标的定义如下：

$$E(x_j) = \text{Error\_R}_j + \text{Entropy}_j \tag{3.6}$$

式中，Error_R_j 代表当前字典对未标记样本 $x_j \in \mathbb{D}_u$ 的重构误差；Entropy_j 代表当前各类子字典对未标记样本 $x_j \in \mathbb{D}_u$ 的重构误差条件分布的熵。Error_R_j 定义如下：

$$\text{Error\_R}_j = \min_c \| x_j - D_c P_c x_j \|^2 \tag{3.7}$$

式中，D_c 和 P_c 分别代表通过式(3.4)得到的第 c 类合成子字典和解析子字典。Error_R_j 的值越大，说明当前字典对样本 x_j 的重构效果越差。

样本 $x_j \in \mathbb{D}_u$ 的预测标签是通过各类子字典的重构误差判定的，如式(3.5)所示。样本 x_j 属于第 c 类的概率可以通过如下公式计算：

$$p_c(x_j) = \frac{\|x_j - D_c P_c x_j\|^2}{\sum_{c=1}^{C} \|x_j - D_c P_c x_j\|^2} \tag{3.8}$$

因此，样本 x_j 的类标签的概率分布为 $p(x_j) = [p_1, p_2, \cdots, p_C]$。如果一个样本能够被当前字典很好地重构或表示，那么子类重构误差 $\|x_j - D_c P_c x_j\|^2$ 在某一类上应该得到一个很小的值。熵是用来度量不确定性的一种准则，因此为了评价当前字典对输入样本标签预测的不确定性，可以计算样本子类重构误差的概率分布的熵：

$$\text{Entropy}_j = -\sum_{c=1}^{C} p_c(x_j) \log_2 p_c(x_j) \tag{3.9}$$

Entropy_j 越大，说明样本 x_j 相对于当前字典越不确定或越难被当前字典表达。因此，该样本应被选择加入训练样本集中来进一步训练学习更精确的字典。

2. 样本代表性评价指标

虽然样本信息性评价指标能够对未标记样本是否有利于提高当前分类模型的性能进行评价，但是忽略了整个未标记样本集的潜在空间结构。因此，为了利用未标记样本集的空间分布信息，这里提出样本代表性评价指标来选择有益的未标记样本。样本代表性评价指标是用来衡量当前选择出的少量样本是否能很好地表达整个未标记样本集的空间分布，是对当前选择的样本与样本集中剩余样本之间关系的一种评价[30]。

对于训练一个较好的分类模型来说，样本的空间分布是一种有价值的信息。目前已有一些主动学习方法通过利用样本的空间分布信息来指导样本选择的过程。文献[33]和[38]采用边缘概率密度和余弦距离作为样本信息性评价指标，进而获取样本的空间分布信息。Li 等[39]定义了一种简单有效的样本代表性评价指标——互信息。该指标旨在选择样本分布密集区域的样本进行标注，因为样本分布密集区域的样本相较于样本分布稀疏区域的样本更具代表性，即携带更多的与其他样本相似的信息，可代表样本空间中的大部分样本。本节将这种样本代表性评价方式引入字典学习中。给定未标记样本 x_j，该样本相对于样本空间中其他未标记样本的互信息定义如下[39]：

$$M(x_j) = H(x_j) - H(x_j \mid X_{U_j}) = \frac{1}{2} \ln \frac{\sigma_j^2}{\sigma_{j|U_j}^2} \tag{3.10}$$

式中，$H(x_j)$ 和 $H(x_j \mid X_{U_j})$ 分别代表样本 x_j 的熵和条件熵；U_j 代表从未标记样

本集 U 中除去第 j 个样本后剩余样本的索引,即 $U_j = U - j$; X_{U_j} 代表索引集 U_j 对应的样本集; σ_j^2 和 $\sigma_{j|U_j}^2$ 可以通过如下公式计算:

$$\sigma_j^2 = K\left(x_j, x_j\right) \tag{3.11}$$

$$\sigma_{j|U_j}^2 = \sigma_j^2 - \Sigma_{jU_j}\Sigma_{U_jU_j}^{-1}\Sigma_{U_jj} \tag{3.12}$$

假设索引集为 $U_j = (1,2,3,\cdots,t)$, U_j 对应的未标记样本集的核矩阵 $\Sigma_{U_jU_j}$ 定义如下:

$$\Sigma_{U_jU_j} = \begin{Bmatrix} K(x_1,x_1) & K(x_1,x_2) & \dots & K(x_1,x_t) \\ K(x_2,x_1) & K(x_2,x_2) & \dots & K(x_2,x_t) \\ \vdots & \vdots & & \vdots \\ K(x_t,x_1) & K(x_t,x_2) & \dots & K(x_t,x_t) \end{Bmatrix} \tag{3.13}$$

式中, $K(\cdot)$ 代表对称正定核函数,本章采用简单且有效的线性核函数,即 $K(x_j,x_j) = \| x_i - x_j \|^2$ 。

互信息可以衡量当前样本与其他样本之间的关系。某样本与其他样本的互信息值越大,说明该样本与其他样本越相近,更能代表其他样本,因此应被选择加入训练样本集中,来进一步学习更具判别性的字典。

3. 主动学习过程

基于以上分析,本节融合样本信息性评价指标和样本代表性评价指标来作为最终的未标记样本选择标准,并通过式(3.14)迭代地从未标记样本集中选择少量的样本子集 $\mathbb{D}_s = \{x_1^s, x_2^s, \cdots, x_{N_s}^s\}$,使得选择出的未标记样本不仅含有较多的有利于提高 DPL 算法性能的信息,也同时具有较大的代表其他样本的能力。

$$x^s = \underset{x_j}{\arg\max}\left(E(x_j) + M(x_j)\right), \quad j \in \{nl+1, nl+2, \cdots, N\} \tag{3.14}$$

本章提出的 ADDL 可总结如下:

算法 3.1　ADDL

输入:有标记训练样本集 $\mathbb{D}_l$ 及其标签集 $\mathbb{Y}_l$,未标记样本集 $\mathbb{D}_u$,迭代次数 I_t ,每次迭代选择的未标记样本数目 N_s

(1) 初始化:采用 DPL 算法在初始训练样本集 $\mathbb{D}_l$ 上学习合成字典 D^* 和解析字典 P^* ;

(2) 令 $t=1,2,\cdots,I_t$,循环执行步骤(3)~(5);

(3) 分别采用式(3.6)和式(3.10)计算未标记样本集 $\mathbb{D}_u$ 中每个样本 x_j 的 $E(x_j)$ 和 $M(x_j)$;

(4) 通过式(3.14)从 $\mathbb{D}_u$ 中选择 N_s 个未标记样本(记为 $\mathbb{D}_s$)，对其标注后加入训练样本集 $\mathbb{D}_l$ 中，然后更新 $\mathbb{D}_u = \mathbb{D}_u - \mathbb{D}_s$ 和 $\mathbb{D}_l = \mathbb{D}_l \bigcup \mathbb{D}_s$；

(5) 在更新后的训练样本集 $\mathbb{D}_l$ 上学习到更具判别能力的字典 D^*_{new} 和 P^*_{new}；

(6) 循环结束

输出：最终学习到的字典 D^*_{new} 和 P^*_{new}

3.2.4　实验设置与数据库

实验中采用两个天气数据库来验证本章提出的基于 ADDL 的天气场景识别方法的有效性。下面首先介绍数据库和实验设置，然后给出实验结果及分析。

1. 实验数据库

实验中采用的第一个数据库是 Chen 等[22]提供的天气场景图像数据库(记为 DATASET 1)，DATASET 1 中共有 1000 幅图像，其中包含 276 幅晴天图像、251 幅多云图像和 473 幅阴天图像，图像的大小为 3966×270。图 3.3 给出了 DATASET 1 数据库中不同类别图像的示例。

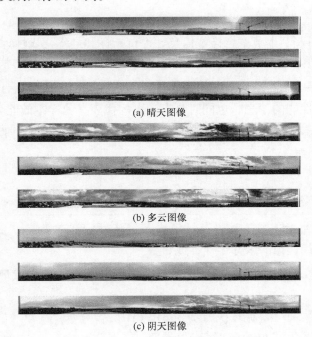

(a) 晴天图像

(b) 多云图像

(c) 阴天图像

图 3.3　DATASET 1 数据库[22]

　　由于现存的公开天气场景数据库很少，因此本章构建一个新的天气场景识别数据库来测试 ADDL 模型的性能。本章从 EPFL[1]提供的 2014 年拍摄的全景图像中选择 5000 张大小为 4821×400 的图像，并根据文献[22]提出的天气场景图像标注标准把每幅图像分别标记为晴天、多云或阴天来构建数据库，将该数据库命名为 DATASET 2。与 DATASET 1 相比，DATASET 2 包含更多的图像且这些图像是在不同季节拍摄的，因此识别 DATASET 2 比 DATASET 1 更具挑战性。图 3.4 给出了 DATASET 2 数据库中不同类别图像的示例。

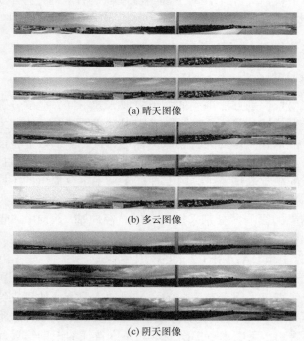

(a) 晴天图像

(b) 多云图像

(c) 阴天图像

图 3.4　DATASET 2 数据库

2. 实验设置

　　对于数据库中的每幅图像，首先采用文献[22]提出的天空检测算法检测图像中的天空区域，然后在天空区域提取 PHOW[23]、HSV 颜色直方图、LBP[24]和梯度幅值四种视觉表现特征，在非天空区域提取对比度和暗通道先验信息。其中，PHOW 特征提取算法已包含分块及量化的过程，因此直接在图像的天空区域采用 PHOW 算法提取 200 维的特征向量。其余特征的提取过程为：首先将图像划分为不重叠的、大小为 32×32 的子块，然后在天空区域的子块里分别提取 HSV 颜色

1　EPFL(http://panorama.epfl.ch/)提供从 2005 年到 2015 年每隔 30min 拍摄的高分辨率全景图像。

空间中各个通道的颜色分布直方图(共 3 个)、LBP 特征和梯度幅值特征,接下来在非天空区域的子块里分别采用式(3.1)和式(3.2)提取对比度和暗通道先验特征,最后采用词袋模型(bag-of-words,BOW)[40]分别对每种特征进行量化编码从而形成200 维特征向量,并将这些特征向量拼接融合作为图像的特征描述。

在实验中,首先从数据库中随机选择 50%的图像作为训练图像,其余图像作为测试图像;然后将训练图像分为有标记训练样本集 $\mathbb{D}_l$ 和无标记样本集 $\mathbb{D}_u$, $\mathbb{D}_l$ 用来学习初始的字典, $\mathbb{D}_u$ 用来作为主动学习过程中的未标记样本选择池;接着重复 10 次随机样本选择过程;最后给出算法的平均识别率和标准差。

3.2.5 实验结果与分析

1. 特征有效性验证

与其他天气场景识别方法采用的特征提取方式不同,本章分别从两个角度对天气场景图像进行描述,即从天空区域提取视觉表现特征,从非天空区域提取基于物理特性的特征来共同作为天气场景图像的特征描述。为了验证该特征提取方式的有效性,分别设计两种基于不同特征的天气识别框架进行对比。第一种框架仅采用天空区域的视觉表现特征,第二种框架采用本章提出的不同角度特征,即结合天空区域的视觉表现特征和非天空区域的物理特性的特征。为了弱化分类器的性能对对比结果的影响,分别采用 K-NN、径向基 SVM(radial basis function SVM, RBF-SVM)和 DPL 算法对天气场景进行分类。图 3.5 和图 3.6 分别给出了在数据库 DATASET 1 和 DATASET 2 上的对比结果。

在图 3.5 和图 3.6 中,横轴代表训练样本数目,纵轴代表 10 次随机实验的平均识别率。虚线代表仅采用天空区域的六个视觉表现特征的识别结果,实线代表同时采用天空区域的六个视觉表现特征和非天空区域的两个物理特性的识别结果。从图中可以看出,采用本章提出的不同角度特征的识别结果优于仅采用视觉表现特征的识别结果,这说明结合视觉表现特征和基于物理特性的特征能更好地刻画不同天气场景图像的本质区别。

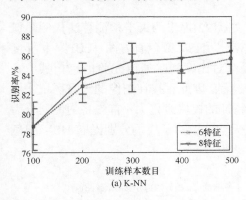

(a) K-NN

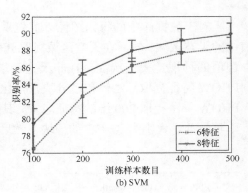

(b) SVM

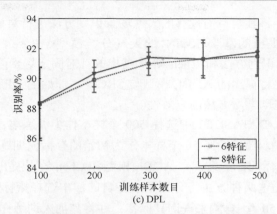

图 3.5　在数据库 DATASET 1 上采用不同特征的识别结果

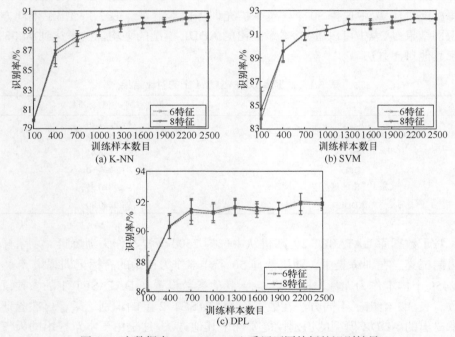

图 3.6　在数据库 DATASET 2 上采用不同特征的识别结果

2. ADDL 模型有效性验证

为了验证 ADDL 模型的有效性，首先将 ADDL 与其他五种天气识别方法进行对比，然后测试不同参数取值对 ADDL 性能的影响，并给出对比结果及分析。

3. 实验结果对比

为了进一步证明基于 ADDL 模型的天气场景识别方法的有效性，分别在两个天气场景数据库上将其与目前现有的天气场景识别方法进行对比。采用的对比方法有 Song 等[41]提出的基于 K-NN 的天气分类模型、Roser 等[42]提出的基于 RBF-SVM 的天气识别方法和 Chen 等[22]提出的针对固定场景静态图像的天气识别方法。同时，也将提出的 ADDL 模型与 SRC[17]、原始的 DPL[21]进行对比，来验证本章提出的主动学习方法的有效性。

随机从数据库 DATASET 1 中选择 500 个样本作为训练集，剩余样本作为测试集。在训练集中，随机选择 50 个样本作为初始的有标记训练样本集 $\mathbb{D}_l$，其余 450 个样本作为无标记样本集 $\mathbb{D}_u$。ADDL 模型和 Chen 等[22]提出的算法均包含主动学习过程，因此这两种方法将分别基于各自的样本选择指标迭代地从 $\mathbb{D}_u$ 中选择样本(每次选择 50 个样本)来查询其标签，并将其加入训练样本集 $\mathbb{D}_l$ 中进一步训练分类器。对于 K-NN、RBF-SVM、SRC 和 DPL 没有主动学习过程的方法，将每次随机从 $\mathbb{D}_u$ 中选择 50 个样本来扩充训练样本集 $\mathbb{D}_l$。表 3.1 列出了不同方法的识别结果，从表中可以看出，本章提出的 ADDL 模型的平均识别率达到94.02%，优于其他对比方法。

表 3.1　数据库 DATASET 1 上的对比结果

方法	识别率(平均值±标准差)/%
K-NN	82.92±1.24
RBF-SVM	85.62±1.56
SRC	89.66±0.93
DPL	91.30±1.60
Chen 提出的算法[22]	92.98±0.55
ADDL	94.02±0.20

对于数据库 DATASET 2，随机从中选择 2500 个样本作为训练集，剩余样本作为测试集。在训练集中，随机选择 50 个样本作为初始的有标记训练集 $\mathbb{D}_l$，其余 2450 个样本作为无标记样本集 $\mathbb{D}_u$，其他参数设置和 DATASET 1 的参数设置一致。表 3.2 给出了不同方法在数据库 DATASET 2 上的识别结果，再次验证了本章提出的 ADDL 模型的识别性能要优于其他方法。这是由于本章提出的天气场景识别方法采用性能较好的判别字典学习算法作为分类器，且通过同时考虑样本信息性和代表性，有效地将主动学习机制引入判别字典学习中。Chen 等[22]提出的方法虽然同样包含主动学习机制，但是该方法在选择未标记样本的过程中仅考虑了样本的信息性(即选择离 SVM 分类超平面最近的样本)，而忽略了样本的代表性，因此识别性能弱于本章提出的方法。其他的天气场景识别方法，如 K-NN、RBF-SVM、SRC 和 DPL 均没有主动学习机制，未能充分利用未标记样本的信息，因此识别性能相对较差。

表 3.2　数据库 DATASET 2 上的对比结果

方法	识别率(平均值±标准差)/%
K-NN	84.95±1.63
RBF-SVM	88.14±1.43
SRC	88.17±1.14
DPL	89.61±0.78
Chen 提出的算法[22]	88.76±1.60
ADDL	90.37±1.01

4. 参数敏感性测试

　　ADDL 模型中有 k、λ 和 τ 三个重要参数，其中 k 为从每类训练样本中学习的子类字典 D_c 中的原子个数，λ 用来控制字典 P 的判别性，τ 为 DPL 算法中的参数。实验中采用遍历搜索的方式确定每个参数的最优值。图 3.7 给出了 ADDL 模型在数据库 DATASET 1 上采用不同参数设置时获得的识别率。图 3.7(a)为参数 k 分别取 5,15,25,35,45,55,65,75,85,95 时模型的识别率。从图中可以看出，随着 k 取值的增大，识别率呈现先上升后下降的趋势，在 k 设置为 25 时模型获得最高的识别率，说明 ADDL 模型可以学习出紧致且具有良好判别性的字典。在接下来的实验中，将 k 的值统一设置为 25。图 3.7(b)和图 3.7(c)分别给出参数 λ 和 τ 对 ADDL 性能的影响。从图中可以观察到，随着 λ 和 τ 取值的增大，ADDL 模型的识别率不断提高，达到最高识别率之后，随着 λ 和 τ 取值的继续增大，ADDL 模型识别

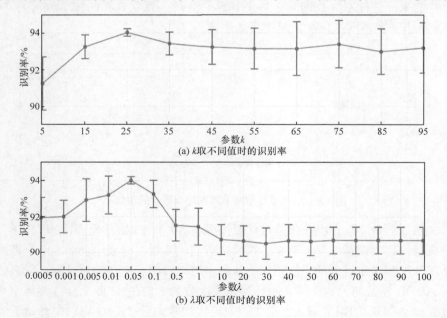

(a) k 取不同值时的识别率

(b) λ 取不同值时的识别率

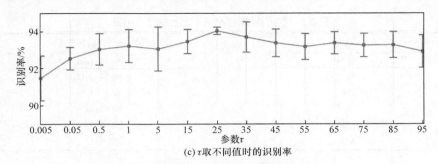

(c) τ 取不同值时的识别率

图 3.7　不同参数取值对 ADDL 模型性能的影响

率开始下降，在参数 λ 和 τ 取值分别为 0.05 和 25 时，模型达到最优性能。这是由于 λ 取值太大或太小会导致字典重构系数过于稀疏或太密集而降低算法性能，而当 τ 取较大的值时，字典重构误差约束项[式(3.4)中的第一项]和稀疏约束项[式(3.4)中的第三项]对模型的作用被减弱，导致模型性能下降，相反地，当 τ 取较小的值时，会导致式(3.4)中的第二项的作用被忽略而降低模型的识别性能。因此，在接下来的实验中统一设置 $\lambda = 0.05$ 和 $\tau = 25$。

为了验证将主动学习过程引入字典学习算法中可以有效提高分类器的识别性能，从 DATASET 1 中随机选择 500 个样本作为训练样本，在这些训练样本中随机选择 50 个样本作为初始的有标记训练样本集 $\mathbb{D}_l$，并将其余 450 个样本作为无标记样本集 $\mathbb{D}_u$，ADDL 模型利用 $\mathbb{D}_l$ 训练一个初始字典，然后迭代地从 $\mathbb{D}_u$ 中选择有益的未标记样本并查询其标签来不断扩展 $\mathbb{D}_l$，每次选择的样本数目为 50。图 3.8 给出了在不同迭代次数时模型的识别率。

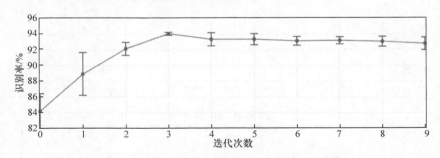

图 3.8　ADDL 模型在不同迭代次数时的识别率

在图 3.8 中，第 0 次迭代是指仅采用含有 50 个样本的初始训练集 $\mathbb{D}_l$ 学习判别字典时得到的识别结果，第 9 次迭代是指迭代 9 次，即采用全部 500 个训练样本学习判别字典时得到的识别结果。从图中可以看出，主动学习过程可以有效地提高 ADDL 模型的识别性能，而且当迭代次数为 3 时(共 200 个样本参与字典学习过程)，ADDL 的识别率达到最大。当迭代次数大于 3 时，识别率开始下降，约下降 1%，这是由于在未标记样本集中会存在一些噪声点或异常值，随着迭代次数的增加，会有更多的噪声点或异常点被选择加入训练样本集中，干扰了字典学习的精度而导致识别性能下降。因此在实验中，迭代次数统一被设置为 3。

3.3　基于 M-ADDL 的自然场景识别

自然场景识别是指对图像进行不同场景语义上的分类识别，如识别图像中的场景是高山、森林、街道或海边等。自然场景图像具有复杂性，例如光照、视角、尺度和场景内物体形态及其布局的变化，导致同类场景图像之间具有较大的差异性；而不同类场景包含的物体相同或相似(如图书馆和书店都包含人、书籍和桌椅等物体)，导致不同类场景图像之间往往具有较大的相似性，该特点给自然场景识别带来了巨大挑战。

为了更好地对自然场景进行识别，本节提出 M-ADDL 模型，该模型的基本框架如图 3.9 所示。M-ADDL 模型在每次迭代中，首先从未标记样本集中选择出能够保持样本流形结构的子集，然后度量该子集中每个样本的信息性和代表性，从而选择出有效的样本进行标注来扩展训练样本集，不断强化分类器的训练过程，以提高分类器的识别能力。同 ADDL 模型相比，M-ADDL 模型具有以下优势：

(1) 在进行样本选择时，不仅度量样本的信息性和代表性，同时度量样本的流形结构保持能力。在样本选择过程中考虑样本的流形结构保持能力，可以有效地去除样本空间中的噪声点或异常点，同时使得选择的样本子集尽可能保持原始样本空间的结构信息。

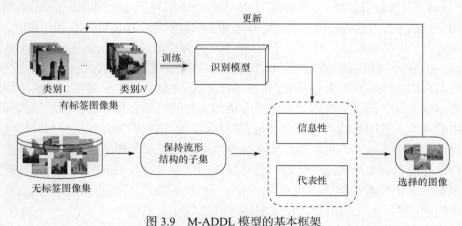

图 3.9　M-ADDL 模型的基本框架

(2) 提出一种更有效的样本代表性的评价方法——基于样本重构能力的评价指标。样本重构能力是指该样本在样本空间中重构其他样本时贡献的大小。

(3) 具有更好的识别性能。由于同时考虑样本流形结构保持能力、样本信息性和代表性，M-ADDL 模型能够更好地完成自然场景识别任务。

3.3.1　多重样本评价准则

主动学习的关键是如何建立有效的样本选择机制。样本选择机制通常是基于样本的信息性和代表性来构建的，但仅采用这两个准则的样本选择机制往往容易导致选择的样本都来自样本空间中一个较小的区域，不足以表达整个样本空间的流形结构，从而导致分类器的泛化能力降低[43]。因此，本节将流形结构保持的思想引入主动学习机制中，来更有效地进行样本选择，即从未标记样本集中选择尽可能全面提供样本空间结构信息的样本子集。下面分别介绍 M-ADDL 模型中采用的多重样本评价准则：基于流形结构保持能力的评价指标、基于样本信息性的评价指标和基于样本代表性的评价指标。

1. 流形结构保持能力评价指标

在机器学习领域中，流形结构保持的概念是指用少量的样本子集来表达整个样本空间的流形结构，同时去除样本空间中噪声点和异常点[44]。将流形结构保持的思想引入主动判别字典学习中，可以使算法在迭代过程中选取的样本子集尽可能表达整个样本空间的全局结构和原始分布，进而为分类器的学习提供更丰富、更全面的信息。

Sun 等[44]提出流形保持图约减(manifold-preserving graph reduction，MPGR)方法用于稀疏半监督学习。该方法能够有效地去除样本空间中的噪声点和异常点，进而获得一个保持流形结构的样本子集。流形结构保持稀疏图的概念是基于流形假设(处于一个很小的局部邻域内的样本具有相似的性质，且它们的标签应该相似[43])提出的。在构建流形结构保持稀疏图时，需要保证在整个样本空间中，不属于该图的样本点和属于该图的样本点之间具有很强的空间连接，进而确保流形结构稀疏图中的样本点和图外的样本点具有很强的相似性，且它们的标签也相似，即流形结构保持图中的样本点可以很好地代表样本空间中其余的样本点。因此，在流形结构稀疏图上训练得到的分类器，将对图外的样本点也有很好的分类能力。给定一个由无标记样本集构成的图 $G(V,E,W)$，V 代表顶点(样本点)集，E 代表样本点之间的边集，W 代表边上的权值矩阵。如果第 i 个顶点(样本 x_i)和第 j 个顶点(样本 x_j)为 k 近邻点，那么权值 W_{ij} 可通过如下高斯径向基核函数求得，否则 $W_{ij}=0$。

$$W_{ij} = \exp\left(\frac{-\|x_i - x_j\|^2}{2\sigma}\right) \tag{3.15}$$

式中，$\sigma > 0$ 为参数。

得到样本权值矩阵之后，流形结构保持稀疏图上的样本点和图外的样本点之间的空间连接性定义为[44]

$$\frac{1}{N-p} \sum_{i=p+1}^{N} \left(\max_{j=1,2,\cdots,p} W_{ij}\right) \tag{3.16}$$

式中，p 为流形结构保持稀疏图中样本点的个数。为了选择具有较高空间连接性的样本点组成流形结构保持稀疏图，定义图 G 中第 i 个顶点的连接度为 $d(i)$：

$$d(i) = \sum_{i \sim j} W_{ij} \tag{3.17}$$

$d(i)$ 的值越大表明该样本点和其他样本点的连接性越强，越能携带更多代表其他样本点的信息[43,44]，因此应选择 $d(i)$ 的值较大的样本点构成流形结构保持稀疏图。

将流形结构保持稀疏图的思想引入 M-ADDL 模型中，即在未标记样本集中选择有效样本时，首先考虑样本的连接度，选择连接度较大的样本进行标注，进而更有效地提高字典学习的性能。

2. 样本信息性评价指标

样本信息性是指样本减少分类器不确定性的能力。在本章提出的 ADDL 模型中，选择了没有被当前字典很好重构的样本来扩展训练样本集，因为这些样本携带了更多的当前字典没有获得的信息。类似地，M-ADDL 模型将仅采用字典重构误差作为样本信息性评价指标，计算方法请参考式(3.7)。

3. 样本代表性评价指标

样本代表性用来度量某个样本与样本集中其他样本之间的关系。一般可以通过样本集的概率分布选择样本分布密集区域的样本作为有代表性的样本[39]，或采用基于聚类的方式选择类中心附近的样本作为有代表性的样本[45]，这些方法通常是基于样本全局欧式空间结构提出的。本节提出一种新的基于样本重构能力的代表性评价指标，即每个样本可以通过样本空间中其他样本的线性组合来近似表示[46]，具有代表性的样本被定义为重构系数较大的样本。给定样本集 $X = \{x_1, \cdots, x_i, \cdots, x_N\}$，其中样本重构系数 $B = \{b_1, \cdots, b_i, \cdots, b_N\}$ 可通过求解如下目标函数得到：

$$\min\|X - XB\|_2 + \alpha\|B\|_{2,1} \tag{3.18}$$

式中，$\|X - XB\|_2$ 为样本重构误差项；$\|B\|_{2,1}$ 为正则化项，可确保 B 具有组稀疏的

性质，且 $\|B\|_{2,1} = \sum\limits_{i=1}^{N} \| b_i \|_2$ ；参数 α 用来控制 B 的稀疏度，α 的取值越大，B 含有的零值行越多。

受文献[47]的启发，这里将基于重构系数的样本代表性评价指标 $RC(x_i)$ 定义如下：

$$RC(x_i) = -\frac{\max(b_i)}{\| b_i \|_1} \tag{3.19}$$

$RC(x_i)$ 越大表明该样本越具有代表性。

3.3.2　M-ADDL 模型

基于上述定义的样本流形结构保持能力、样本信息性和样本代表性评价指标，提出基于多重样本评价准则的 M-ADDL 模型，来对自然场景图像进行识别。该模型采用式(3.4)所示的 DPL 算法[21]作为分类器。M-ADDL 模型整体流程如下：

算法 3.2　M-ADDL

输入： 有标记训练样本集 $\mathbb{D}_l$ 及其标签集 $\mathbb{Y}_l$，未标记样本集 $\mathbb{D}_u$，主动学习迭代次数 I_t，每次迭代开始时未标记样本集中样本总数目 N_u，构建流形结构保持样本子集的样本数目 p，从流形结构保持样本子集中选择用于扩展训练样本集的未标记样本数目 N_s

(1) 初始化：采用 DPL 算法在初始训练样本集 $\mathbb{D}_l$ 上学习初始合成字典 D^* 和解析字典 P^*；

(2) 令 t 分别取 $1, 2, \cdots, I_t$，循环执行步骤(3)~(9)；

(3) 令 t 分别取 $1, 2, \cdots, P$，循环执行步骤(4)和(5)；

(4) 采用式(3.17)计算每个样本的连接度 $d(i)$，$i = 1, \cdots, N_u - j + 1$；

(5) 从 $\mathbb{D}_u$ 中选择连接度最大的样本加入流形结构保持子集 $\mathbb{D}_p$ 中；

(6) 循环结束；

(7) 分别采用式(3.7)和式(3.19)计算流形结构保持子集 $\mathbb{D}_p$ 中每个样本 x_i 的信息性 Error_R_i 和代表性 $RC(x_i)$ 指标的值；

(8) 从 $\mathbb{D}_p$ 中选择 Error_R_i 与 $RC(x_i)$ 之和最大的 N_s 个未标记样本(记为 $\mathbb{D}_s$)，对其标注后加入训练样本集 $\mathbb{D}_l$ 中，然后更新 $\mathbb{D}_u = \mathbb{D}_u - \mathbb{D}_s$ 和 $\mathbb{D}_l = \mathbb{D}_l \bigcup \mathbb{D}_s$；

(9) 在更新后的训练样本集 $\mathbb{D}_l$ 上学习更具判别能力的字典 D^*_{new} 和 P^*_{new}；

(10) 循环结束；

输出： 最终学习到的字典 D^*_{new} 和 P^*_{new}

3.3.3　实验设置与数据库

为了验证 M-ADDL 模型的有效性，分别在四个经典的自然场景数据库 8-Scene[48]、UIUC-Sports[49]、15-Scene Categories[50]和 MIT-Indoor[51]上进行了大量实验。

8-Scene 数据库是由 Oliva 和 Torralba 收集的，该数据库包含 8 类共 2688 幅室外场景图像，如 "Coast" "Forest" "Mountain" 和 "Street" 等，每类为 238～410 幅图像，图像大小均为 250×250。图 3.10(a)给出 8-Scene 数据库的部分图像。

UIUC-Sports 数据库包含 8 类不同场景的图像，如 "Badminton" "Polo" "Snowboarding" 和 "Sailing" 等，共 1579 幅图像，其中每类有 137～250 幅图像，图像大小约为 800×600。图 3.10(b)给出 UIUC-Sports 数据库的部分图像。

15-Scene Categories 数据库是 8-Scene 数据库的一个扩展数据库，包含 15 个类共 4485 幅场景图像，如 "MITCoast" "Bedroom" "Industrial" 和 "Store" 等，每类有 200～400 幅图像，图像平均大小为 300×250，该数据库中的图像为灰度图像。图 3.10(c)给出 15-Scene Categories 数据库的部分图像。

(a) 8-Scene数据库[48]

(b) UIUC-Sports数据库[49]

(c) 15-Scene Categories数据库[50]

(d) MIT-Indoor数据库[51]

图 3.10　实验中采用的四个数据库中不同类的图像示例

MIT-Indoor 数据库包含 67 类室内场景图像,如"Airport-inside""Gameroom""Industrial"和"Bowling"等,每类约有 100 幅图像,数据库中图像的分辨率从几百到几千像素不等。MIT-Indoor 数据库共 15620 幅图像,本章在实验中采用含有 6700 幅图像的子集作为实验数据。图 3.10(d)给出 MIT-Indoor 数据库中的部分图像。

从图 3.10 中可以看出,由于不同光照、视角、物体形态和布局的影响,自然场景图像的类内变化较大,因此较难识别。在实验中,对每个数据库分别提取 gist[50]、PHOW[23]和用 BOW 模型[40]编码的 LBP 特征[24],并将三种特征拼接融合作为图像的特征描述。分别从每类图像中随机选择 10%的样本作为初始的有标记训练样本集 $\mathbb{D}_l$,60%的样本作为未标记样本集 $\mathbb{D}_u$,其余样本作为测试图像。M-ADDL 模型的主动学习过程分别在 8-Scene、15-Scene Categories 和 MIT-Indoor 三个数据库上迭代 10 次,由于 UIUC-Sports 数据库的图像数量较少不足以迭代 10 次,因此在该数据库上将迭代次数设置为 8 次。在主动学习过程中构建流形结构保持样本子集时,子集中样本的个数按经验值设置为 $p=0.6 N_u^*$,N_u^* 为每次迭代开始时的未标记样本数目。实验重复 10 次,计算平均识别率和标准差。

3.3.4 实验结果与分析

1. 实验结果对比

为了进一步证明提出的 M-ADDL 模型对场景识别的有效性,将 M-ADDL 模型在四个数据库上与经典的同类方法进行对比。对比方法分别为原始的 DPL 算法[21]、QURIE_SVM(querying informative and representative examples_support vector machine)方法[52,53]、PKNN(probabilistic k-nearest neighbor)方法[54]和本章提出的 ADDL 方法。由于原始 DPL 算法没有主动学习的过程,因此该算法在每次迭代中随机选择样本进行标注来扩展训练样本集。QURIE_SVM 同时考虑了样本信息性和代表性,并采用 SVM 作为分类器。PKNN 对输入样本学习一个精确核空间表示,并采用概率 K-NN 和主动学习机制相结合的方式来解决多类图像分类问题。ADDL 仅考虑样本信息性和代表性两方面评价指标。图 3.11 给出在四个数据库上,不同方法在不同迭代次数时的平均识别率。从图中可以看出:首先,基于判别字典学习的方法(M-ADDL、ADDL 和 DPL)在大多数情况下都优于基于 SVM (QURIE_SVM)和 K-NN(PKNN)的方法,这可能是由于判别字典学习方法对场景识别任务更有效。其次,本节提出的 M-ADDL 模型性能优于原始 DPL 算法,说明在 DPL 算法中引入主动学习机制可以有效提高 DPL 算法的性能。最后,本节提出的 M-ADDL 算法总体上优于其他主动学习算法(QURIE_SVM、PKNN 和 ADDL),这是因为 M-ADDL 算法不仅度量了未标记样本的信息性和代表性,而且还度量了未标记样本的流形保持能力。因此,M-ADDL 模型可以选择出更多有用的未标记样本进行标记,进一步提高分类器的性能。此外,在图 3.11 中,UIUC-Sports 数据集上 M-ADDL 模型的性能在前两个迭代中略弱于 ADDL 模型,这可能是由于 M-ADDL 模型在该数据集上的前几次迭代时训练样本数量较少,无法很好地刻画样本的流形结构。

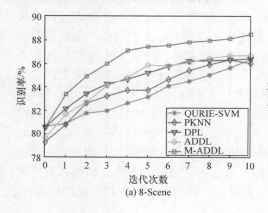

(a) 8-Scene

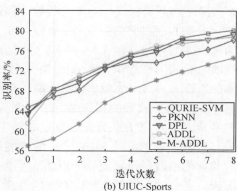

(b) UIUC-Sports

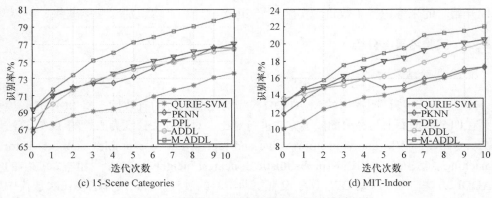

图 3.11　不同方法在四个数据库上的平均识别率

为了进一步证明 M-ADDL 模型在有标记训练数据较少的情况下仍可以取得比判别字典学习方法更好的识别性能,这里将 M-ADDL 模型与判别字典学习方法 FDDL[20]进行了比较。由于 FDDL 是一种有监督方法,不能使用未标记训练数据的信息,因此在本实验中只使用标记样本对 FDDL 进行训练。表 3.3 中列出了 M-ADDL 和 FDDL 的场景识别结果。由表 3.3 可以看出,由于 M-ADDL 将主动学习与判别词典学习相结合,可以获得更高的准确率。

表 3.3　不同算法针对不同数据库的平均识别率和标准差　(单位:%)

算法	平均识别率和标准差			
	8-Scene	UIUC-Sports	15-Scene Categories	MIT-Indoor
FDDL	80.42±1.59	64.68±1.83	67.71±1.53	12.11±0.93
M-ADDL	88.53±1.24	80.30±1.95	80.37±0.92	22.01±0.67

2. 参数敏感性测试

首先测试 M-ADDL 模型的参数对算法性能的影响。测试的参数分别为每类字典原子个数 k、式(3.4)中的参数 λ 和 τ 及式(3.18)中的 α。其中,参数 λ 用来控制学习到的字典 P 的判别性,τ 为 DPL 算法中的参数,α 为控制样本重构系数 B 的稀疏度的参数。表 3.4~表 3.7 分别给出了在四个数据库上,四个参数分别取不同值时算法的平均识别率和标准差,从表中可以得到算法在每个数据库上的最优参数组合。表 3.4 表明,参数 k 取值较小(25、75 和 100)时,M-ADDL 在不同数据库上获得了较好的识别效果,说明该模型能够学习到紧凑且具有良好判别性的字典。字典原子个数 k 较少也有益于提高模型的识别效率。表 3.5 和表 3.6 表明,参数 λ 和 τ 均对 M-ADDL 的性能具有较大影响。λ 取值太大会导致式(3.4)中的重构系数过于稀疏,λ 取值太小会导致该重构系数过于密集,重构系数太稀疏或太密集均会降低 M-ADDL 的性能。同样,τ 取值太大,重构误差约束项[式

(3.4 中第一项)]和系数稀疏约束项[式(3.4)中第三项]会被削弱，导致学习到的字典的判别性降低；而 τ 取值太小，在字典学习过程中式(3.4)中第二项的作用会被忽略而降低 M-ADDL 性能。从表 3.7 中可以看出，参数 α 的取值不能太大也不能太小，这是因为取值太大或太小会分别导致式(3.18)中的系数 B 太稀疏或太密集，从而使 M-ADDL 模型的性能下降。

表 3.4　字典原子个数 k 取不同值时 M-ADDL 模型
在不同数据库上的平均识别率和标准差　　　　　　　（单位：%）

参数 k	平均识别率和标准差			
	8-Scene	UIUC-Sports	15-Scene Categories	MIT-Indoor
25	88.53±1.24	78.14±1.39	80.12±0.77	22.01±0.67
50	87.24±1.12	78.98±1.47	79.92±1.02	21.74±0.77
75	87.18±1.23	80.30±1.95	79.82±1.05	21.55±0.86
100	87.40±1.03	78.31±0.93	80.37±0.92	21.72±0.86
125	87.25±1.12	78.35±1.03	79.84±1.09	21.69±0.66
150	86.94±0.95	77.82±1.14	80.15±0.79	21.85±0.64
175	87.13±1.27	77.52±0.94	80.13±0.86	21.69±0.73

表 3.5　参数 λ 取不同值时 M-ADDL 模型
在不同数据库上的平均识别率和标准差　　　　　　　（单位：%）

参数 λ	平均识别率和标准差			
	8-Scene	UIUC-Sports	15-Scene Categories	MIT-Indoor
0.0005	85.09±1.10	77.67±0.58	68.32±1.36	18.37±1.07
0.001	85.93±0.99	78.20±1.25	69.58±1.51	18.19±0.54
0.005	86.43±0.72	77.48±0.84	72.78±1.07	17.73±0.71
0.01	86.62±1.16	76.78±0.99	75.13±0.64	18.01±0.67
0.05	88.18±1.23	76.93±1.85	79.28±0.89	18.37±0.84
0.1	88.53±1.24	77.31±1.66	80.37±0.92	19.02±0.73
0.5	88.10±1.24	79.22±1.68	80.01±1.14	22.01±0.67
1	87.08±1.40	80.30±1.95	79.22±1.00	21.10±0.91
10	83.77±1.49	79.17±2.03	73.10±1.28	17.33±0.98

表 3.6　参数 τ 取不同值时 M-ADDL 模型
在不同数据库上的平均识别率和标准差　　　　　　　（单位：%）

参数 τ	平均识别率和标准差			
	8-Scene	UIUC-Sports	15-Scene Categories	MIT-Indoor
0.005	85.29±1.23	78.94±0.91	76.83±1.09	19.24±0.73
0.05	86.69±1.16	68.73±2.33	79.08±1.05	19.33±0.92
0.5	88.05±1.27	80.30±1.95	80.37±0.92	21.90±0.84
1	88.53±1.24	78.94±0.91	80.03±1.11	22.01±0.67
5	87.80±1.10	78.92±2.44	79.54±0.81	21.21±0.79

续表

参数 τ	平均识别率和标准差			
	8-Scene	UIUC-Sports	15-Scene Categories	MIT-Indoor
15	87.25±1.14	79.39±1.10	78.72±0.64	19.39±0.70
35	87.31±1.12	79.15±1.03	78.09±0.97	18.55±0.65
55	87.06±1.10	77.58±0.74	78.15±0.63	17.80±0.92
75	86.67±1.13	79.11±0.91	78.04±0.54	17.42±0.93

表 3.7　参数 α 取不同值时 M-ADDL 模型
在不同数据库上的平均识别率和标准差　　　　　　（单位：%）

参数 α	平均识别率和标准差			
	8-Scene	UIUC-Sports	15-Scene Categories	MIT-Indoor
0.0005	87.95±1.27	79.85±1.71	80.28±0.76	21.14±0.55
0.001	87.92±1.38	80.04±1.44	80.15±0.82	21.67±0.57
0.005	88.00±1.32	80.17±1.39	80.10±0.98	21.63±0.59
0.01	88.53±1.24	80.30±1.95	80.13±1.22	21.41±0.61
0.05	87.84±1.22	79.96±1.73	80.03±0.95	22.01±0.67
0.1	87.75±1.43	79.72±1.64	80.24±1.13	21.74±0.64
0.5	87.92±1.38	79.49±1.50	80.37±0.92	21.60±0.97
1	87.25±1.27	79.66±1.49	79.93±1.07	20.81±0.81
10	87.35±1.52	80.11±1.65	80.10±0.94	18.83±0.62

接下来，为了验证在 M-ADDL 模型中，样本信息性和代表性评价指标对算法性能均起到了一定作用，这里以 8-Scene 数据库为例，分析两种指标采用不同权重融合时算法的效果。融合公式为 $M_{\text{sum}} = \theta\text{Error\_R}_i + (1-\theta)\text{RC}(x_i)$，且选择 M_{sum} 值大的样本进行标记来扩展训练样本数据集。图 3.12 为权重 θ 取不同值时模型的平均识别率。从图中可以看出：首先，在 M-ADDL 中单独采用信息性评

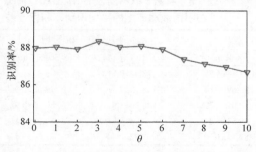

图 3.12　M-ADDL 算法在 θ 取不同值时的平均识别率

价指标比单独采用代表性评价指标更有效，这是由于信息性评价指标是直接根据学习到的字典的识别结果计算出来的；其次，采用适当的权值将 M-ADDL 中的信息性和代表性评价指标进行结合，可以得到最佳的识别结果，这说明 M-ADDL 中信息性和代表性指标都是必要的。

3.4　本　章　小　结

本章分别提出了针对天气场景识别的 ADDL 模型和针对自然场景识别的 M-ADDL 模型。在天气场景识别过程中，充分考虑了不同天气条件引起的图像的视觉外观差异和基于物理特性的差异，提出了对天气场景图像进行不同角度的特征描述，并将基于样本信息性和代表性评价指标的主动学习机制引入判别字典学习 DPL 算法中，在尽可能减少人工标注代价的前提下实现对天气场景有效的识别。考虑到自然场景具有较大的类内差异性和类间相似性，提出了 M-ADDL 模型。该模型在主动学习过程中同时综合了样本的流形结构保持能力、信息性和代表性，从而可以选择更有益的样本来不断提高分类器性能。分别在天气场景数据库和自然场景数据库上进行了大量实验，验证了本章提出的两种识别模型均具有良好的识别性能。

参 考 文 献

[1] Yuan Y, Mou L, Lu X. Scene recognition by manifold regularized deep learning architecture[J]. IEEE Transactions on Neural Networks and Learning Systems, 2015, 26(10): 2222-2233.

[2] Lu X, Li X, Mou L. Semi-supervised multitask learning for scene recognition[J]. IEEE Transactions on Cybernetics, 2014, 45(9): 1967-1976.

[3] Zhang L, Zhen X, Shao L. Learning object-to-class kernels for scene classification[J]. IEEE Transactions on Image Processing, 2014, 23(8): 3241-3253.

[4] Choi S W, Lee C H, Park I K. Scene classification via hypergraph-based semantic attributes subnetworks identification[C]//European Conference on Computer Vision, Zurich, 2014: 361-376.

[5] Xie L, Wang J, Guo B, et al. Orientational pyramid matching for recognizing indoor scenes[C]//Proceedings of the IEEE Conference on Computer Vision and Pattern Recognition, Columbus, 2014: 3734-3741.

[6] Zhou B, Lapedriza A, Xiao J, et al. Learning deep features for scene recognition using places database[C]//Advances in Neural Information Processing Systems, Montreal, 2014: 487-495.

[7] Herranz L, Jiang S, Li X. Scene recognition with CNNs: Objects, scales and dataset bias[C]//Proceedings of the IEEE Conference on Computer Vision and Pattern Recognition, Las Vegas, 2016: 571-579.

[8] Nogueira K, Penatti O A B, dos Santos J A. Towards better exploiting convolutional neural networks for remote sensing scene classification[J]. Pattern Recognition, 2017, 61: 539-556.

[9] Li X, Guo Y. Multi-level adaptive active learning for scene classification[C]//European Conference on Computer Vision, Zurich, 2014: 234-249.

[10] Yang Y, Ma Z, Nie F, et al. Multi-class active learning by uncertainty sampling with diversity maximization[J]. International Journal of Computer Vision, 2015, 113(2): 113-127.

[11] Zhang L, Chen C, Bu J, et al. Active learning based on locally linear reconstruction[J]. IEEE Transactions on Pattern Analysis and Machine Intelligence, 2011, 33(10): 2026-2038.

[12] Li C, Zhao P, Wu J, et al. A serial sample selection framework for active learning[C]// International Conference on Advanced Data Mining and Applications, Guilin, 2014: 435-446.

[13] 胡正平, 徐波, 白洋. Gabor 特征集结合判别式字典学习的稀疏表示图像识别[J]. 中国图象图形学报, 2013, 18(2): 189-194.

[14] Li A, Shouno H. Dictionary-based image denoising by fused-lasso atom selection[J]. Mathematical Problems in Engineering, 2014, 2014: 1-10.

[15] Feng Z, Yang M, Zhang L, et al. Joint discriminative dimensionality reduction and dictionary learning for face recognition[J]. Pattern Recognition, 2013, 46(8): 2134-2143.

[16] Dong J, Sun C, Yang W. A supervised dictionary learning and discriminative weighting model for action recognition[J]. Neurocomputing, 2015, 158: 246-256.

[17] Wright J, Yang A Y, Ganesh A, et al. Robust face recognition via sparse representation[J]. IEEE Transactions on Pattern Analysis and Machine Intelligence, 2009, 31(2): 210-227.

[18] Mairal J, Bach F, Ponce J. Task-driven dictionary learning[J]. IEEE Transactions on Pattern Analysis and Machine Intelligence, 2012, 34(4): 791-804.

[19] Jiang Z, Lin Z, Davis L S. Label consistent K-SVD: Learning a discriminative dictionary for recognition[J]. IEEE Transactions on Pattern Analysis and Machine Intelligence, 2013, 35(11): 2651-2664.

[20] Yang M, Zhang L, Feng X, et al. Sparse representation based fisher discrimination dictionary learning for image classification[J]. International Journal of Computer Vision, 2014, 109(3): 209-232.

[21] Gu S, Zhang L, Zuo W, et al. Projective dictionary pair learning for pattern classification[C]//Advances in Neural Information Processing Systems, Montreal, 2014: 793-801.

[22] Chen Z, Yang F, Lindner A, et al. How is the weather: Automatic inference from images[C]//2012 The 19th IEEE International Conference on Image Processing, Lake Buena Vista, 2012: 1853-1856.

[23] Bosch A, Zisserman A, Munoz X. Image classification using random forests and ferns[C]//2007 The 11th IEEE International Conference on Computer Vision, Rio de Janeiro, 2007: 1-8.

[24] Ojala T, Pietikäinen M, Harwood D. A comparative study of texture measures with classification based on featured distributions[J]. Pattern Recognition, 1996, 29(1): 51-59.

[25] Narasimhan S G, Nayar S K. Chromatic framework for vision in bad weather[C]//Proceedings of IEEE Conference on Computer Vision and Pattern Recognition, Hilton Head, 2000, 1: 598-605.

[26] Narasimhan S G, Nayar S K. Removing weather effects from monochrome images[C]// Proceedings of 2001 IEEE Computer Society Conference on Computer Vision and Pattern

Recognition, Kauai, 2001, 2(2): 186-193.

[27] Narasimhan S G, Nayar S K. Vision and the atmosphere[J]. International Journal of Computer Vision, 2002, 48(3): 233-254.

[28] Lu C, Lin D, Jia J, et al. Two-class weather classification[C]//Proceedings of the IEEE Conference on Computer Vision and Pattern Recognition, Columbus, 2014: 3718-3725.

[29] He K, Sun J, Tang X. Single image haze removal using dark channel prior[J]. IEEE Transactions on Pattern Analysis and Machine Intelligence, 2011, 33(12): 2341-2353.

[30] Settles B. Active learning literature survey[R]. Computer Sciences Technical Report 1648, Madison: University of Wisconsin-Madison, 2009.

[31] 龙军, 殷建平, 祝恩, 等. 主动学习研究综述[J]. 计算机研究与发展, 2008, (z1): 300-304.

[32] Lewis D D, Gale W A. A sequential algorithm for training text classifiers[C]//Proceedings of the 17th Annual International ACM SIGIR Conference on Research and Development in Information Retrieval, Dublin, 1994: 3-12.

[33] Settles B, Craven M. An analysis of active learning strategies for sequence labeling tasks[C]// Proceedings of the Conference on Empirical Methods in Natural Language Processing, Honolulu, 2008: 1070-1079.

[34] Dagan I, Engelson S P. Committee-based sampling for training probabilistic classifiers[C]// Proceedings of the Twelfth International Conference on Machine Learning, Tahoe City, 1995: 150-157.

[35] McCallumzy A K, Nigamy K. Employing EM and pool-based active learning for text classification[C]//Proceedings of International Conference on Machine Learning, Madison, 1998: 359-367.

[36] Tong S, Koller D. Support vector machine active learning with applications to text classification[J]. Journal of Machine Learning Research, 2001, 2(11): 45-66.

[37] Schohn G, Cohn D. Less is more: Active learning with support vector machines[C]//Proceedings of International Conference on Machine Learning, Stanford, 2000: 839-846.

[38] Szummer M, Jaakkola T S. Information regularization with partially labeled data[C]//Advances in Neural Information processing systems, Vancouver, 2002: 1025-1032.

[39] Li X, Guo Y. Adaptive active learning for image classification[C]//Proceedings of the IEEE Conference on Computer Vision and Pattern Recognition, Portland, 2013: 859-866.

[40] Csurka G, Dance C, Fan L, et al. Visual categorization with bags of keypoints[C]//Proceedings of the International Workshop on Statistical Learning in Computer Vision, Prague, 2004: 1-22.

[41] Song H, Chen Y, Gao Y. Weather condition recognition based on feature extraction and K-NN[M]. Berlin: Springer Heidelberg, 2014.

[42] Roser M, Moosmann F. Classification of weather situations on single color images[C]// Intelligent Vehicles Symposium, Eindhoven, 2008: 798-803.

[43] Zhou J, Sun S. Gaussian process versus margin sampling active learning[J]. Neurocomputing, 2015, 167: 122-131.

[44] Sun S, Hussain Z, Shawe-Taylor J. Manifold-preserving graph reduction for sparse semi-supervised learning[J]. Neurocomputing, 2014, 124: 13-21.

[45] Nguyen H T, Smeulders A. Active learning using pre-clustering[C]//Proceedings of the Twenty-First International Conference on Machine learning, Banff, 2004: 79.

[46] Roweis S T, Saul L K. Nonlinear dimensionality reduction by locally linear embedding[J]. Science, 2000, 290(5500): 2323-2326.

[47] Wright J, Yang A Y, Ganesh A, et al. Robust face recognition via sparse representation[J]. IEEE Transactions on Pattern Analysis and Machine Intelligence, 2008, 31(2): 210-227.

[48] Oliva A, Torralba A. Modeling the shape of the scene: A holistic representation of the spatial envelope[J]. International Journal of Computer Vision, 2001, 42(3): 145-175.

[49] Li L J, Li F F. What, where and who? classifying events by scene and object recognition[C]//2007 IEEE 11th International Conference on Computer Vision, Rio de Janeiro, 2007: 1-8.

[50] Lazebnik S, Schmid C, Ponce J. Beyond bags of features: Spatial pyramid matching for recognizing natural scene categories[C]//2006 IEEE Computer Society Conference on Computer Vision and Pattern Recognition, New York, 2006, 2: 2169-2178.

[51] Quattoni A, Torralba A. Recognizing indoor scenes[C]//IEEE Conference on Computer Vision and Pattern Recognition, Miami, 2009: 413-420.

[52] Huang S J, Jin R, Zhou Z H. Active learning by querying informative and representative examples[C]//Advances in Neural Information Processing Systems, Vancouve, 2010: 892-900.

[53] Huang S J, Jin R, Zhou Z H. Active Learning by Querying Informative and Representative Examples[J]. IEEE Transactions on Pattern Analysis and Machine Intelligence, 2014, 10(36): 1936-1949.

[54] Jain P, Kapoor A. Active learning for large multi-class problems[C]//IEEE Conference on Computer Vision and Pattern Recognition, Miami, 2009: 762-769.

第4章　基于半监督多特征回归的自然场景识别

4.1　引　　言

场景识别是计算机视觉与模式识别领域的一个重要研究课题，其主要目的是将图像按照场景语义类别进行分类。场景识别技术可以广泛应用于视频监控、智能交通、智能机器人等实际领域。近年来，场景识别技术的准确性和鲁棒性均取得了一定进展，但由于场景图像的复杂性和有标签场景数据相对缺乏，场景识别仍面临着较大挑战。

人类感知系统可以使用非常少的有标签样本来识别图像语义类别，且在识别过程中可以有效融合图像多种特征(如颜色、形状和图像中的对象)信息来完成识别任务。因此，让计算机通过机器学习技术获得与人类感知系统类似的这种能力是本章研究的主要目的。

给定一幅自然场景图像，可以通过多种特征来表达该图像的视觉内容，如颜色、纹理或形状特征等。同时采用多种不同的图像特征可以增加特征描述的鲁棒性和类别区别能力，从而有益于对图像的分类识别[1]。大量研究表明，与仅采用单一特征或仅将多种特征拼接起来作为一个高维的特征相比，适当地融合多种特征能够有效地提高识别方法的性能[2-4]。目前，研究人员已提出了许多基于多特征学习的识别方法：Yuan 等[5]提出了多任务联合稀疏表示分类器(multi-task joint sparse representation classification，MTJSRC)来对图像进行识别，该方法采用组稀疏约束来挖掘多种特征中蕴含的有用信息；Yang 等[6]通过分析多种特征之间的相关性，提出一种有效的基于共享信息的特征选择(feature selection with shared information，FSSI)模型来实现对图像和视频的识别与分析；Xia 等[7]提出了基于拉普拉斯图的多视角谱嵌入(multiview spectral embedding，MSE)方法，该方法采用不同的编码方式对不同的特征进行编码来得到一个具有物理意义的低维特征嵌入模式，进而提取出不同特征间包含的有用信息；Sun 等[8]提出了一个两阶段概率分类框架，利用多个特征进行场景分类；Song 等[9]提出了联合多特征空间上下文(joint multi-feature spatial context，JMSC)模型来识别场景图像，该模型利用从不同底层视觉特征中获取的多特征关系和相邻图像块之间的局部空间关系，增强相同场景类别中共现模式的一致性，同时消除噪声模式；随着大数据集和卷积神经网络的兴起，Song 等[10]通过扩展 JMSC 提出一种新的多尺度多特征上下文

(multi-scale multi-feature context，MMC)模型，该模型利用多尺度卷积神经网络学习语义流形，同时结合空间关系、不同尺度的特征来构建场景识别上下文模型。

上述方法虽然取得了较好的识别效果，但均需要大量的标记样本来训练分类模型，严重限制了算法的应用范围，因为在实际应用中人工标注样本代价较大，很难获得大量的标记样本。例如，标注一个时长仅为 63 小时的 Trecvid 视频数据库，来自 23 个不同科研院所的 111 名研究员花费了 200 多个小时才完成标注任务[11]。因此，为了减轻人类的标注负担，研究人员提出了三种可以在标记样本数目较少的情况下也获得较好识别性能的学习机制——迁移学习、主动学习和半监督学习[12]。迁移学习借助来自不同源的标记样本来提高分类器的精度。主动学习则通过定义有效的样本评价指标来选择最有利于提高分类器性能的样本进行标注并扩展训练集。该方法能在减少人工标注工作量的前提下，最大限度地提高分类器的分类性能。第 3 章提出了基于主动学习的场景识别方法，取得了较好的效果，但主动学习仍需要少量的人工干预。半监督学习是一种完全无须人工干预的机器学习方法，它能够同时利用标记样本和未标记样本的信息来提高分类器的分类能力，因此适用性更广泛。已有大量研究工作表明，同时利用标记样本和未标记样本的信息能使计算机更好地完成图像识别的任务[12]。

基于上述分析，为了融合多种不同角度的场景特征信息，同时利用容易获得的大量未标记样本的信息，本章提出 SSMFR 模型。该模型能够有效地挖掘标记样本和未标记样本的多种特征之间包含的互补结构信息，联合学习出统一的全局标签矩阵和对应于每种特征的鲁棒的子分类器。SSMFR 模型具有以下主要优势：①通过自适应加权的多图标签传递，能够同时利用标记样本和未标记样本的多种特征进行场景识别，且在学习过程中有效地保持样本每种特征的流形结构；②采用 $l_{2,1}$ 范数约束来学习稀疏且更鲁棒的分类器，进而更好地完成场景识别任务，且能解决"样本外"问题；③给出一种有效的迭代更新算法对 SSMFR 的目标函数进行求解。

4.2   SSMFR 模型

SSMFR 模型能够在半监督学习过程中保持每种特征的流形结构，且能够捕获多种特征之间的互补信息，从而获得更好的识别性能。SSMFR 模型的整体框架如图 4.1 所示。通过联合学习多种特征各自对应的子分类器 W^m (也称映射矩阵)来挖掘多种特征之间潜在的相关和互补结构信息，且在标签传递的过程中通过加权图正则化算子 $\alpha\Psi(\cdot)$ 来实现预测标签的全局一致性。

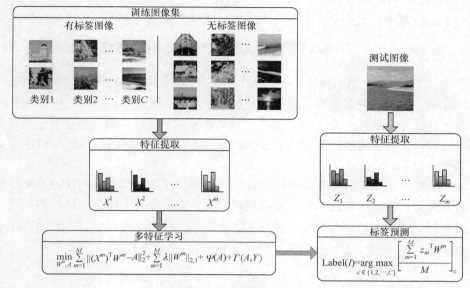

图 4.1 SSMFR 模型的基本框架

4.2.1 模型构建

假设有来自 C 个类别的 N 个样本集 $X = \{x_1, x_2, \cdots, x_l, x_{l+1}, \cdots, x_N\} \in \mathrm{R}^{D \times N}$ 及其标签矩阵 $Y = [y_1, y_2, \cdots, y_N]^{\mathrm{T}} \in \{0,1\}^{N \times C}$ ， $x_i \in \mathrm{R}^{D \times 1} (1 \leqslant x_i \leqslant N)$ 代表第 i 个样本的特征向量。 X 中前 l 个样本 $X_l = \{x_1, x_2, \cdots, x_l\} \in \mathrm{R}^{D \times l}$ 代表有标记样本集，其余 $N - l$ 个样本 $X_u = \{x_{l+1}, x_{l+2}, \cdots, x_N\} \in \mathrm{R}^{D \times (N-l)}$ 代表未标记样本集。在标签矩阵 Y 中，若 x_i 是有标记样本且来自第 j 类，则其对应的标签向量 $y_i \in \mathrm{R}^{C \times 1}$ 中元素 $y_{ij} = 1$ ，其他元素 $y_{ik} = 0 (k \neq j)$ 。若 x_i 是未标记样本，则其标签向量 y_i 中所有元素均为零，即 $\forall i > l, y_i = 0 \in \mathrm{R}^{C \times 1}$ 。假设每个样本有 M 种特征，令 $X^m = [x_1^m, x_2^m, \cdots, x_N^m] \in \mathrm{R}^{d_m \times N}$ 表示所有样本的第 m 个 $[m = (1, 2, \cdots, M)]$ 特征组成的集合， d_m 表示第 m 个特征的维度。

流形假设是半监督学习的一个基本假设，它是指处于一个很小的局部邻域内的样本具有相似的性质，因此它们的标签应该相似[13]。为了更好地在流形结构中保持数据的标签一致性，且有效地将多特征学习和半监督学习集成到统一的框架中，本章提出 SSMFR 模型。该模型可通过如下公式表示：

$$\min_{W^m, A} \sum_{m=1}^{M} \|(X^m)^{\mathrm{T}} W^m - A\|_2^2 + \sum_{m=1}^{M} \lambda \|W^m\|_{2,1} + \Psi(A) + \Gamma(A, Y) \tag{4.1}$$

式中， $A = [a_1, a_2, \cdots, a_N] \in \mathrm{R}_+^{N \times C}$ 为训练样本集的预测标签矩阵，矩阵中元素 $a_i \in \mathrm{R}^C$

为样本 x_i 的预测标签向量；$W^m \in \mathrm{R}^{d_m \times C}$ 为样本集的第 m 个特征集 X^m 与标签矩阵 A 之间的映射关系(分类器)；$\sum\limits_{m=1}^{M} \| (X^m)^{\mathrm{T}} W^m - A \|_2^2$ 为全局标签预测误差项；$\| W^m \|_{2,1}$ 为约束项，用来保证学习到的分类器 W 是行稀疏且鲁棒的；$\Psi(\cdot)$ 代表图正则化项，用来挖掘多种特征之间的互补信息且保证通过不同特征对样本预测的标签具有全局一致性；$\Gamma(\cdot)$ 为惩罚项，用来确保有标记样本的预测标签与其真实标签一致；λ 为平衡控制参数。下面分别给出式(4.1)中每项的具体数学表达形式及其推导过程。

为了可以利用训练样本集中标记样本和未标记样本的信息共同学习分类器来提高分类器的性能，首先采用自适应加权多图标签传递技术将标记样本的标签传递给未标记样本。针对每个特征集 X^m 构建一个加权无向图 G^m，图 G^m 中第 i 个节点(样本 x_i^m)和第 j 个节点(样本 x_j^m)之间的权重 S_{ij}^m 定义如下：

$$S_{ij}^m = \begin{cases} \exp\left(-\| x_i^m - x_j^m \|_2^2 / 2\sigma^2\right), & x_j^m \in \Delta_k\left(x_i^m\right) \text{或} x_i^m \in \Delta_k\left(x_j^m\right) \\ 0, & \text{其他} \end{cases} \tag{4.2}$$

式中，$\Delta_k\left(x_i^m\right) = \left[x_{i,1}^m, x_{i,2}^m, \cdots, x_{i,k}^m\right]$ 表示在第 m 个特征集中，第 i 个样本 x_i^m 的 k 个近邻样本集；σ 为参数。

在标签传递的过程中，需要保持每个特征集的流形结构，即相邻的样本应被赋予相似的标签[7]，该目标可以通过最小化如下目标函数来实现：

$$\sum_{i,j=1}^{N} \left\| \frac{a_i}{d_{ii}^m} - \frac{a_j}{d_{jj}^m} \right\|_2^2 S_{ij}^m = \mathrm{tr}\left(A^{\mathrm{T}} \left(I - D^{m-\frac{1}{2}} S^m D^{m-\frac{1}{2}} \right) A \right) = \mathrm{tr}\left(A^{\mathrm{T}} L^m A \right) \tag{4.3}$$

$$\mathrm{s.t.}\ A \geqslant 0$$

式中，D^m 为对角矩阵，其对角元素的取值为 $d_{ii}^m = \sum\limits_{j=1}^{N} S_{ij}^m$；矩阵 $L^m = I - D^{m-\frac{1}{2}} S^m D^{m-\frac{1}{2}}$ 为第 m 个特征集的无向加权图 G^m 的归一化拉普拉斯矩阵。

除了保持每个特征集的流形结构，还希望能够利用不同特征之间的互补信息，并对不同特征集得到的标签预测矩阵进行约束，使其具有全局一致性。因此，将 M 个特征集的归一化拉普拉斯矩阵进行自适应加权融合，即得到图正则化项 $\Psi(A)$，其具体表达式为

$$\Psi(A) = \min_{A,\omega} \sum_{m=1}^{M} \omega_m \mathrm{tr}\left(A^{\mathrm{T}} L^m A \right) + \beta \| \omega \|_2^2 \tag{4.4}$$

$$\mathrm{s.t.}\ A \geqslant 0, \sum_{m=1}^{M} \omega_m = 1, \omega \geqslant 0$$

式中，ω_m 为第 m 个无向图 G^m 的权值，所有无向图的权值组成权值向量 $\omega = [\omega_1, \omega_2, \cdots, \omega_M] \in \mathbb{R}^M$；正则化项 $\|\omega\|_2^2$ 是为了避免 ω 过拟合于某个归一化的拉普拉斯矩阵[14]；参数 $\beta \geq 0$ 为权衡参数。

在标签传递的过程中，还需要确保有标记样本的预测标签与其真实标签一致，因此引入惩罚项 $\Gamma(A, Y)$，其数学表达形式为

$$\Gamma(A, Y) = \min_A \sum_{i=1}^{N} \|a_i - y_i\|_2^2 q_{ii} \tag{4.5}$$

q_{ii} 的取值原则为：若第 i 个样本为有标记样本，则将 q_{ii} 设置为一个非常大的值，否则将其设置为 0。

实现标签传递后，可以基于标记样本和未标记样本的多种特征信息来学习样本与其标签之间的映射关系。由于基于 $l_{2,1}$ 范数约束的正则化项可以保证学习到的映射矩阵行稀疏且更鲁棒[15]，因此 SSMFR 模型采用基于 $l_{2,1}$ 范数约束的正则化项。SSMFR 模型通过融合多种特征的信息，并最小化全局标签预测误差，可以学习出样本和标签之间的映射矩阵 $W = [W^1, W^2, \cdots, W^M]$，具体公式如下：

$$\min_{W^m, A, \omega} \varepsilon(W^m, A, \omega) = \min_{W^m} \sum_{m=1}^{M} \|(X^m)^T W^m - A\|_2^2 + \lambda \|W^m\|_{2,1} \tag{4.6}$$

式中，X^m 代表样本的第 m 个特征集；$W^m \in \mathbb{R}^{d_m \times C}$ 代表 X^m 与其标签之间的映射关系(也可将 W^m 称为对应于第 m 个特征的子分类器)。将所有 M 个特征集的标签预测误差 $\|(X^m)^T W^m - A\|_2^2$ 进行相加，并令其最小化，是为了将学习出的 M 个子分类器进行综合，从而实现全局预测误差最小。$\|W^m\|_{2,1} = \sum_{i=1}^{N} \|W^m\|_2$ 是为了保证 W 为行稀疏且更鲁棒的分类器，正则化参数 $\lambda \geq 0$ 用于避免过拟合。

综合式(4.4)~式(4.6)，可将式(4.1)给出的 SSMFR 模型的目标函数改写为如下具体数学表达形式：

$$\min_{W^m, A, \omega} \varepsilon(W^m, A, \omega) = \sum_{m=1}^{M} \|(X^m)^T W^m - A\|_2^2 + \lambda \|W^m\|_{2,1}$$
$$+ \alpha \left(\sum_{i=1}^{N} \|a_i - y_i\|_2^2 q_{ii} + \sum_{m=1}^{M} \omega_m \, \mathrm{tr}(A^T L^m A) \right) + \beta \|\omega\|_2^2 \tag{4.7}$$

$$\text{s.t. } A \geq 0, \sum_{m=1}^{M} \omega_m = 1, \omega \geq 0$$

由于 $\sum_{m=1}^{M} \omega_m \mathrm{tr}(A^T L^m A) = \mathrm{tr}\left(A^T (\sum_{m=1}^{M} \omega_m L^m) A \right)$ 和 $\sum_{i=1}^{N} \|a_i - y_i\|_2^2 q_{ii} = \mathrm{tr}\left(A^T Q A - 2 A^T Q Y + \right.$

$Y^\mathrm{T} QY)$，其中 Q 是一个对角矩阵且其元素为 q_{ii}，式(4.7)可进一步改写为

$$
\min_{W^m, A, \omega} \varepsilon\left(W^m, A, \omega\right) = \sum_{m=1}^{M} \|(X^m)^\mathrm{T} W^m - A\|_2^2 + \lambda \|W^m\|_{2,1}
$$

$$
+ \alpha \, \mathrm{tr}\left(A^\mathrm{T} \left(\sum_{m=1}^{M} \omega_m L^m \right) A + A^\mathrm{T} QA - 2A^\mathrm{T} QY + Y^\mathrm{T} QY \right) + \beta \|\omega\|_2^2 \quad (4.8)
$$

$$
\text{s.t.} \; A \geqslant 0, \sum_{m=1}^{M} \omega_m = 1, \omega \geqslant 0
$$

式中，α 为平衡控制参数。

通过该目标函数，SSMFR 模型可以将标记样本的标签信息传递给未标记样本，即能够利用未标记样本的信息来提高识别精度。此外，采用自适应非负权值向量加权的多图标签传递使得 SSMFR 模型能够挖掘不同特征集之间的互补信息。SSMFR 模型给出了每个特征集与其预测标签矩阵之间的显式映射矩阵 W^m，因而该模型能够有效地避免"样本外"问题[16]。

4.2.2 模型优化策略及识别准则

从 SSMFR 模型的目标函数[式(4.8)]中可以观察到，函数中有三个变量(A、ω 和 W^m)需要优化求解。对于这三个变量来说，目标函数是非凸函数，因此无法直接求出该目标函数的全局最优解。但是对于每个单独变量，该目标函数是凸函数，因此本章提出一种简单有效的迭代更新优化算法来求解目标函数的局部最优解。求解的具体过程为：先固定三个变量中的两个变量，然后更新另一个变量，交替迭代地执行此过程，直到目标函数趋于一个稳定值时停止。

1. 固定 ω 和 W^m，优化 A

固定权值向量 ω 和映射矩阵 W^m $(m = 1, 2, \cdots, M)$，优化预测标签矩阵 A，则式(4.8)中变量 A 的优化求解过程如下：

$$
\min_{A} \varepsilon(A) = \min_{A} \sum_{m=1}^{M} \|(X^m)^\mathrm{T} W^m - A\|_2^2
$$

$$
+ \alpha \, \mathrm{tr}\left(A^\mathrm{T} L\, A + A^\mathrm{T} QA - 2A^\mathrm{T} QY + Y^\mathrm{T} QY \right) \quad (4.9)
$$

$$
\text{s.t.} \; A \geqslant 0
$$

式中，矩阵 $L = \sum_{m=1}^{M} \omega_m L^m$。

首先，引入拉格朗日乘子矩阵 ξ，通过数学推导并移除其中与变量 A 不相关的项，可将式(4.9)的拉格朗日函数描述如下：

$$\phi(A,\xi) = \sum_{m=1}^{M} \text{tr}\left(A^{\mathrm{T}}A - 2A^{\mathrm{T}}(X^m)^{\mathrm{T}}W^m\right)$$
$$+ \alpha\,\text{tr}\left(A^{\mathrm{T}}LA + A^{\mathrm{T}}QA - 2A^{\mathrm{T}}QY\right) + \text{tr}(\xi A) \tag{4.10}$$

令式(4.10)对 A 求偏导，并令导数等于零，则有

$$\frac{\partial \phi(A,\xi)}{\partial A} = 2MA - 2\sum_{m=1}^{M}(X^m)^{\mathrm{T}}W^m + 2\alpha LA$$
$$+ 2\alpha QA - 2\alpha QY + \xi = 0 \tag{4.11}$$

根据 KKT(Karush-Kuhn-Tucker)的条件 $\xi_{ij}A_{ij} = 0$ [17]，有

$$\left[MA - F + \alpha LA + \alpha QA - \alpha QY\right]_{ij} A_{ij} = 0 \tag{4.12}$$

式中，矩阵 $F = \sum_{m=1}^{M}(X^m)^{\mathrm{T}}W^m$。

　　然后，通过借鉴文献[18]的求解方法，为了确保标签预测矩阵 A 是非负的，定义矩阵 $L = L^+ - L^-$ 与 $F = F^+ - F^-$，可以得到 A 的更新准则，具体表达式为

$$A_{ij} \leftarrow A_{ij} \frac{\left[F^+ + \alpha L^- A + \alpha QY\right]_{ij}}{\left[F^- + \alpha L^+ A + \alpha QA + MA\right]_{ij}} \tag{4.13}$$

2. 固定 W^m 和 A，优化 ω

固定预测标签矩阵 A 和映射矩阵 $W^m(m=1,2,\cdots,M)$，优化权重向量 ω。通过数学推导，并移除公式中的不相关项，式(4.8)中变量 ω 的优化问题可简化为

$$\min_{\omega} \varepsilon(\omega) = \min_{\omega} \rho(\omega) = q^{\mathrm{T}}\omega + \beta\|\omega\|_2^2$$
$$\text{s.t.} \sum_{m=1}^{M}\omega_m = 1, \omega \geqslant 0 \tag{4.14}$$

可以看出，式(4.14)是一个凸的二次规划问题。通过借鉴文献[14]的求解方式，这里采用一种坐标梯度下降算法的快速求解方法，来实现对式(4.14)快速有效的求解。基于约束条件 $\sum_{m=1}^{M}\omega_m = 1$ 与 $\omega_m \geqslant 0$，在迭代求解过程中每次只更新 ω 中任意两个成对元素 ω_i 和 $\omega_j(i \neq j)$，而固定其他元素 $\omega_m(m \neq i,j)$。可得

$$\omega_j = 1 - \sum_{\substack{m=1\\m\neq i,j}}^{M}\omega_m - \omega_i \tag{4.15}$$

令 $\rho(\omega_i)$ 代表目标函数，则其具体表达形式为

$$\rho(\omega_i) = \sum_{\substack{m=1 \\ m \neq i,j}}^{M} \omega_m q_m + \beta \sum_{\substack{m=1 \\ m \neq i,j}}^{M} \omega_m^2 + \omega_i q_i + \omega_j q_j + \beta\left(\omega_i^2 + \omega_j^2\right)$$

$$= \sum_{\substack{m=1 \\ m \neq i,j}}^{M} \omega_m q_m + \beta \sum_{\substack{m=1 \\ m \neq i,j}}^{M} \omega_m^2 + \omega_i q_i + \left(1 - \sum_{\substack{m=1 \\ m \neq i,j}}^{M} \omega_m - \omega_i\right) q_i \qquad (4.16)$$

$$+ \beta\left[\omega_i^2 + \left(1 - \sum_{\substack{m=1 \\ m \neq i,j}}^{M} \omega_m - \omega_i\right)^2\right]$$

对式(4.16)关于 ω 求偏导并令导数等于零，有

$$\frac{\partial \rho(\omega_i)}{\partial \omega_i} = q_i - q_j + 2\beta\left(\omega_i - \omega_j\right) = 0 \qquad (4.17)$$

由式(4.17)可得

$$\omega_i^* - \omega_j^* = \frac{1}{2\beta}\left(q_j - q_i\right) \qquad (4.18)$$

式中，ω_i^* 和 ω_j^* 分别为更新 ω_i 和 ω_j 后的值。因为 $\omega_i^* + \omega_j^* = \omega_i + \omega_j$，所以对 ω_i^* 的更新可表示为

$$\omega_i^* = \frac{1}{4\beta}\left(q_j - q_i\right) + \frac{\omega_i + \omega_j}{2} \qquad (4.19)$$

为了确保 ω_i^* 满足只取非负值这个约束条件，可将式(4.19)的解进一步分解为如下形式：

若满足不等式 $\dfrac{q_j - q_i}{4\beta} + \dfrac{\omega_i + \omega_j}{2} \leqslant 0$，则有

$$\begin{cases} \omega_i^* = 0 \\ \omega_j^* = \omega_i + \omega_j \end{cases} \qquad (4.20)$$

基于变量 i 和 j 的对称性，若满足不等式 $\dfrac{q_i - q_j}{4\beta} + \dfrac{\omega_i + \omega_j}{2} \leqslant 0$，则有

$$\begin{cases} \omega_i^* = \omega_i + \omega_j \\ \omega_j^* = 0 \end{cases} \qquad (4.21)$$

否则

$$\begin{cases} \omega_i^* = \dfrac{1}{4\beta}\big(q_j - q_i\big) + \dfrac{\omega_i + \omega_j}{2} \\ \omega_j^* = \omega_i + \omega_j - \omega_i^* \end{cases} \tag{4.22}$$

通过式(4.20)~式(4.22)迭代地成对优化权重向量 ω 中的变量，直到目标函数[式(4.14)]值收敛。

3. 固定 ω 和 A，优化 W^m

固定权重向量 ω 与预测标签矩阵 A，更新映射矩阵 W^m。变量 W^m 的优化问题可通过将 SSMFR 模型的目标函数简化为如下形式来求解：

$$\min_{W^m} \varepsilon\big(W^m\big) = \min_{W^m} \sum_{m=1}^{M} \| (X^m)^{\mathrm{T}} W^m - A \|_2^2 + \lambda \| W^m \|_{2,1} \tag{4.23}$$

根据矩阵的性质，对于任意矩阵 $A \in \mathrm{R}^{n\times m}$，有 $\| A \|_{2,1} = \mathrm{tr}(A^{\mathrm{T}} G A)$ 成立，其中 G 为对角矩阵，且其第 i 个对角元素为 $g_{ii} = 1/(2\|a^i\|_2)$。因此，式(4.23)等价于下列函数形式：

$$\begin{aligned} \min_{W^m} \varepsilon\big(W^m\big) &= \min_{W^m} \sum_{m=1}^{M} \mathrm{tr}\Big(\big((X^m)^{\mathrm{T}} W^m - A\big)^{\mathrm{T}} \big((X^m)^{\mathrm{T}} W^m - A\big) \Big) + \lambda\,\mathrm{tr}\big((W^m)^{\mathrm{T}} G^m W^m\big) \\ &= \min_{W^m} \sum_{m=1}^{M} \mathrm{tr}\big((W^m)^{\mathrm{T}} X^m (X^m)^{\mathrm{T}} W^m - 2(W^m)^{\mathrm{T}} X^m A + A^{\mathrm{T}} A\big) \\ &\quad + \lambda\,\mathrm{tr}\big((W^m)^{\mathrm{T}} G^m W^m\big) \end{aligned} \tag{4.24}$$

式中，G^m 为对角矩阵，其对角元素为 $g_{ii}^m = 1/(2\|w_i^m\|_2)$，$w_i^m$ 为 W^m 中的第 i 行。对式(4.24)关于 W^m 求导并令导数为零，可得

$$X^m (X^m)^{\mathrm{T}} W^m + \lambda G^m W^m = X^m A \tag{4.25}$$

将等式(4.25)左乘以 $(X^m (X^m)^{\mathrm{T}} + \lambda G^m)^{-1}$，则有

$$W^m = \big(X^m (X^m)^{\mathrm{T}} + \lambda G^m\big)^{-1} X^m A \tag{4.26}$$

在实际中 $\|w_i^m\|_2$ 可能为零，因此需要重新定义 g_{ii}^m，即

$$g_{ii}^m = \frac{1}{2\|w_i^m\|_2 + \upsilon} \tag{4.27}$$

式中，υ 为极小的常量。

因此，可以通过交替迭代更新 W^m 和 G^m 求解式(4.23)。在第 t 次迭代中，固定 G_{t-1}^m 来更新 W_t^m，然后固定 W_t^m 来更新 G_t^m。重复执行以上过程直至算法收敛。具体算法过程如算法 4.1 所示。

算法 4.1　优化 W^m

输入：λ、v 和 F

   (1) 令 m 分别取 $1,2,\cdots,M$, 循环执行步骤(2)～(7)；

   (2) 令 $t=1$；

   (3) 循环执行步骤(4)～(7)；

   (4) 根据式(4.26)更新矩阵 W^m；

   (5) 根据式(4.27)计算 G^m；

   (6) $t=t+1$；

   (7) 若满足终止条件，则执行步骤(8)；否则转步骤(3)；

   (8) 循环结束。

输出：矩阵 $W^m(m=1,2,\cdots,M)$

综上所述，SSMFR 模型的优化求解过程如算法 4.2 所示。

算法 4.2　SSMFR 的优化求解过程

输入：数据矩阵 $X^m(m=1,2,\cdots,M)$，数据标签矩阵 Y，参数 λ、α 和 β

   (1) 初始化，令 $A=\mathrm{rand}(N,C)$，$\omega=1/M$，$T=1$；

   (2) 根据式(4.2)计算权重矩阵 $S^m(m=1,2,\cdots,M)$；

   (3) 循环执行步骤(4)～(8)；

   (4) 根据式(4.13)更新预测标签矩阵 A；

   (5) 根据坐标梯度下降法求解非负权值向量 ω；

   (6) 根据算法 4.1 更新矩阵 $W^m(m=1,2,\cdots,M)$；

   (7) 更新 T, 令 $T=T+1$；

   (8) 若满足终止条件，即目标函数式(4.8)值不再改变，则算法终止，否则转步骤(3)。

输出：矩阵 $W^m(m=1,2,\cdots,M)$，预测标签矩阵 A，非负权值向量 ω

从算法 4.2 中可以看出，对 SSMFR 模型的目标函数中变量 A、ω 和 W^m 的

更新是在迭代过程中相互交替执行的，这表明 SSMFR 模型联合实现了标签传递与分类器学习。并且由于在每次迭代中，映射矩阵 W^m 与预测标签矩阵 A 是互相影响的，因此 SSMFR 模型能够同时学习出更准确的预测标签矩阵 A 和更鲁棒的分类器 W^m。下面给出识别准则。

通过算法 4.2 求解得到 $W^m(m=1,2,\cdots,M)$ 后，给定一幅测试图像 I，对其提取 M 个特征 $z_m \in \mathrm{R}^{d^m \times 1}(m=1,2,\cdots,M)$，通过以下公式求得该图像的预测标签：

$$\text{Label}(I) = \underset{c \in \{1,2,\cdots,C\}}{\arg\max} \left[\frac{\sum\limits_{m=1}^{M}(z_m)^{\mathrm{T}}W^m}{M} \right]_c \tag{4.28}$$

式中，$\dfrac{\sum\limits_{m=1}^{M}(z_m)^{\mathrm{T}}W^m}{M}$ 为 C 维的标签预测向量。SSMFR 模型的识别过程如算法 4.3 所示。

算法 4.3　SSMFR 模型的识别过程

输入：训练样本集 $X^m(m=1,2,\cdots,M)$ 及其标签矩阵 Y，给定一个测试样本 I 的 M 个特征 $z_m \in \mathrm{R}^{d^m \times 1}(m=1,2,\cdots,M)$

　　(1) 在训练集上，通过算法 4.2 得到映射矩阵 $W^m(m=1,2,\cdots,M)$；

　　(2) 根据式(4.28)计算测试样本 I 的预测标签。

输出：预测标签

4.2.3　模型收敛性分析

基于 4.2.2 节的分析可知，通过优化三个子问题[式(4.9)、式(4.14)和式(4.23)]可求解 SSMFR 模型的优化问题。因此，为了证明 SSMFR 模型的收敛性，需要证明通过对这三个子问题进行求解得到的 SSMFR 模型的目标函数值是递减的。由于本书提出的 SSMFR 模型在本质上和许多现有算法(如文献[18]和[19])具有相似的求解方式，因此式(4.9)的收敛性证明过程请参考文献[18]和[19]，本书不再赘述。此外，文献[14]和[20]证明了式(4.14)是凸函数，因此利用坐标梯度下降法对其进行求解可以保证 SSMFR 模型的目标函数值在每次迭代中都是递减的。综上，为了证明 SSMFR 模型是收敛的，只需要证明利用算法 4.1 更新变量 W^m 时，式(4.23)

的值是非递增的。

根据算法 4.1,在第 t 次迭代中固定 G^m 为 G_t^m,更新 W_{t+1}^m,则有如下不等式成立:

$$\varphi(W_{t+1}^m, G_t^m) \leqslant \varphi(W_t^m, G_t^m) \tag{4.29}$$

即

$$\begin{aligned}
&\mathrm{tr}\left(\left((X^m)^{\mathrm{T}} W_{t+1}^m - A\right)^{\mathrm{T}}\left((X^m)^{\mathrm{T}} W_{t+1}^m - A\right)\right) + \lambda \mathrm{tr}\left((W_{t+1}^m)^{\mathrm{T}} G_t^m W_{t+1}^m\right) \\
&\leqslant \mathrm{tr}\left(\left((X^m)^{\mathrm{T}} W_t^m - A\right)^{\mathrm{T}}\left((X^m)^{\mathrm{T}} W_t^m - A\right)\right) + \mathrm{tr}\left((W_t^m)^{\mathrm{T}} G_t^m W_t^m\right)
\end{aligned} \tag{4.30}$$

由于 $\| W^m \|_{2,1} = \sum\limits_{i=1}^{m} \| w_i^m \|_2$,因此有如下不等式成立:

$$\begin{aligned}
&\mathrm{tr}\left(\left((X^m)^{\mathrm{T}} W_{t+1}^m - A\right)^{\mathrm{T}}\left((X^m)^{\mathrm{T}} W_{t+1}^m - A\right)\right) + \lambda \sum_i \frac{\|(w_i^m)_{t+1}\|_2^2}{2\|(w_i^m)_t\|_2} \\
&\leqslant \mathrm{tr}\left(\left((X^m)^{\mathrm{T}} W_{t+1}^m - A\right)^{\mathrm{T}}\left((X^m)^{\mathrm{T}} W_{t+1}^m - A\right)\right) + \lambda \sum_i \frac{\|(w_i^m)_t\|_2^2}{2\|(w_i^m)_t\|_2}
\end{aligned} \tag{4.31}$$

进而可得

$$\begin{aligned}
&\mathrm{tr}\left(\left((X^m)^{\mathrm{T}} W_{t+1}^m - A\right)^{\mathrm{T}}\left((X^m)^{\mathrm{T}} W_{t+1}^m - A\right)\right) + \lambda \sum_i \|(w_i^m)_{t+1}\|_2 \\
&- \lambda\left(\sum_i \|(w_i^m)_{t+1}\|_2 - \sum_i \frac{\|(w_i^m)_{t+1}\|_2^2}{2\|(w_i^m)_t\|_2}\right) \\
&\leqslant \mathrm{tr}\left(\left((X^m)^{\mathrm{T}} W_{t+1}^m - A\right)^{\mathrm{T}}\left((X^m)^{\mathrm{T}} W_{t+1}^m - A\right)\right) + \lambda \sum_i \|(w_i^m)_t\|_2 \\
&- \lambda\left(\sum_i \|(w_i^m)_t\|_2 - \sum_i \frac{\|(w_i^m)_t\|_2^2}{2\|(w_i^m)_t\|_2}\right)
\end{aligned} \tag{4.32}$$

对于任意 i,有

$$\|(w_i^m)_{t+1}\|_2 - \frac{\|(w_i^m)_{t+1}\|_2^2}{2\|(w_i^m)_t\|_2} \leqslant \|(w_i^m)_t\|_2 - \frac{\|(w_i^m)_t\|_2^2}{2\|(w_i^m)_{t+1}\|_2} \tag{4.33}$$

于是,有如下不等式成立:

$$\sum_i \|(w_i^m)_{t+1}\|_2 - \sum_i \frac{\|(w_i^m)_{t+1}\|_2^2}{2\|(w_i^m)_t\|_2} \leqslant \sum_i \|(w_i^m)_t\|_2 - \sum_i \frac{\|(w_i^m)_t\|_2^2}{2\|(w_i^m)_t\|_2} \tag{4.34}$$

结合式(4.31)和式(4.34),可得如下不等式:

$$\| (X^m)^{\mathrm{T}} W_{t+1}^m - A \|_2^2 + \lambda \| W_{t+1}^m \|_{2,1} \leqslant \| (X^m)^{\mathrm{T}} W_t^m - A \|_2^2 + \lambda \| W_t^m \|_{2,1} \qquad (4.35)$$

因此有

$$\sum_{m=1}^{M} \| (X^m)^{\mathrm{T}} W_{t+1}^m - A \|_2^2 + \lambda \| W_{t+1}^m \|_{2,1} \leqslant \sum_{m=1}^{M} \| (X^m)^{\mathrm{T}} W_t^m - A \|_2^2 + \lambda \| W_t^m \|_{2,1} \qquad (4.36)$$

不等式(4.36)表明，式(4.23)中的目标函数值在每次迭代中是单调递减的。

下面分析算法 4.2 的收敛性。

令 $\eta(A^t, \omega^t, W^t)$ 代表在第 t 次迭代时 SSMFR 算法的目标函数值，基于上述收敛性分析，可以看出在第 $t+1$ 次迭代中固定任意两个参数，可以通过利用式(4.13)、梯度下降法或算法 4.1 求解另一个参数的最优解。因此，这里有 $\eta(A^{t+1}, \omega^t, W^t)$ $\leqslant \eta(A^{t+1}, \omega^t, W^t)$、$\eta(A^t, \omega^{t+1}, W^t) \leqslant \eta(A^t, \omega^t, W^t)$ 和 $\eta(A^t, \omega^t, W^{t+1}) \leqslant \eta(A^t, \omega^t, W^{t+1})$。将这三个公式组合，有 $\eta(A^{t+1}, \omega^{t+1}, W^{t+1}) \leqslant \eta(A^t, \omega^t, W^t)$。因此，算法 4.2 可以确保 $\eta(A, \omega, W)$ 是非递增的。此外，由于式(4.8)中所有项的值均不小于 0，因此 $\eta(A^t, \omega^t, W^t)$ 具有下界。根据 $\eta(A^{t+1}, \omega^{t+1}, W^{t+1}) \leqslant \eta(A^t, \omega^t, W^t)$ 和柯西收敛规则[21]，可证明本书提出的 SSMFR 的优化算法是收敛的。

4.3　实验设置与结果分析

4.3.1　实验设置与数据库

为了验证本章提出的 SSMFR 模型的有效性，这里采用五个常用的经典场景数据库(8-Scene[22]、UIUC-Sports[23]、15-Scene Categories[24]、MIT-Indoor[25] 和 SUN397[26])来测试 SSMFR 模型的性能。8-Scene、UIUC-Sports、15-Scene Categories 和 MIT-Indoor 数据库在第 3 章中已经详细介绍过，此处不再赘述。下面仅介绍 SUN397 数据库。

SUN397 数据库[26]包含来自 397 个场景类别的 108754 幅图像，其中每类至少具有 100 幅图像。图 4.2 是来自 SUN397 数据集中部分图像。SUN397 数据库的图像数量和类别数目均较大，导致对该数据库进行场景识别非常具有挑战性[27]。因此，与文献[28]和[29]类似，本章随机在 SUN397 数据库中选择 100 个场景类别，且在每个类别中随机选择 100 幅图像构建一个子集来对不同场景识别方法进行性能测试。

图 4.2　SUN397 数据库中不同类别的图像示例

　　为了验证 SSMFR 模型能够有效地融合多种特征的信息，分别从颜色、纹理和形状等角度对每个数据库提取 3～5 种不同的特征。具体来说，提取 gist[22]和 PHOW[30]特征时分别参考文献[22]和[30]来进行参数设置；LBP[31]、梯度直方图和 HSV 颜色直方图特征的提取过程为：将图像划分为 32×32 的不重叠子块，然后在每个子块中分别提取 LBP、梯度幅值分布直方图和 HSV 三个颜色通道的颜色分布直方图，并利用 BOW 模型[32]分别对每种特征进行量化编码进而形成对应的特征向量。对于 SUN397 数据集，直接利用 Xiao 等[26]预先提取并提供的特征(gist[22]、Geo-Texton[26]和 LBP[33])。表 4.1 给出了每个数据集及对其提取的特征的详细信息。值得注意的是，由于 15-Scene Categories 数据集包含灰度图像，因此未对该数据集提取 HSV 颜色直方图；MIT-Indoor 数据集图像数量较大导致提取 HSV 颜色直方图和梯度直方图特征非常耗时，因此未对该数据集提取颜色和梯度直方图特征。针对每个数据库，分别从每类样本中随机选择 40%、30%和 30%的样本作为有标记训练样本、无标记训练样本和测试样本。实验重复 10 次，计算平均识别率和标准差。

表 4.1　实验数据库详细信息

数据库	属性		
	样本数目	类别数目	特性
8-Scene	2688	8	gist, PHOW, LBP, Gradient, HSV
UIUC-Sports	1579	8	gist, PHOW, LBP, Gradient, HSV
15-Scene Categories	4485	15	gist, PHOW, LBP, Gradient
MIT-Indoor	6700	67	gist, PHOW, LBP
SUN397	10000	100	gist, Geo-Texton, LBP

4.3.2　实验结果对比

首先,为了验证提出的 SSMFR 模型能够有效地融合多种特征信息来提高识别性能,在五个数据库上,分别将仅采用单一特征的 SSMFR 模型与采用多种特征的 SSMFR 模型进行对比,对比结果如表 4.2 所示。从表 4.2 中可以看出,当采用单一特征时,在五个数据库上的最高识别率和标准差分别为(78.08±0.88)%、(64.34±1.48)%、(62.84±1.03)%、(16.32±0.62)%和(19.76±0.48)%。而采用多特征时,SSMFR 模型可将五个数据库的识别率分别提高至(84.76±1.15)%,(79.62±1.19)%、(76.80±0.89)%、(22.78±1.05)%和(29.92±0.72)%。这说明仅使用单一特征时无法取得满意的场景识别效果,本书提出的 SSMFR 可以通过保持多种特征各自的流形结构并挖掘多种特征之间的互补信息,来有效提高自然场景识别的准确率。

表 4.2　SSMFR 模型在不同数据库上分别采用单特征
和多特征的识别率和标准差　　　　　　　　(单位：%)

特征	识别率和标准差				
	8-Scene	UIUC-Sports	15-Scene Categories	MIT-Indoor	SUN397
gist	78.08±0.88	63.73±1.71	62.84±1.03	16.32±0.62	17.84±0.45
PHOW	73.42±1.28	64.34±1.48	54.53±1.17	13.87±1.07	—
LBP	56.54±1.57	34.15±2.01	34.49±0.88	4.47±0.34	19.76±0.48
Gradient	50.39±1.18	30.38±1.81	28.43±0.89		
HSV	42.96±1.91	34.53±2.79	—	—	—
Geo-Texton	—				18.44±0.89
All Features	84.76±1.15	79.62±1.19	76.80±0.89	22.78±1.05	29.92±0.72

注：“—”代表未对该数据库提取该特征。

然后,为了验证 SSMFR 模型的有效性,分别在五个自然场景数据库上与其他性能较好的特征学习方法进行比较,包括 FSSI[6]、LRRADP(low rank representation with adaptive distance penalty)[34]、MMSSL(multi-modal semi-supervised learning)[35]、SFSS(structural feature selection with sparsity)[36,37]和 MLAN(multi-view learning with adaptive neighbours)[38]。表 4.3 给出了所采用的对比方法的基本信息。表 4.4 给出了不同方法在五个数据库上的识别率和标准差。

表 4.3　对比方法的基本信息

算法	属性		
	发表年份	半监督	有监督
FSSI	2012		√
LRRADP	2017	√	
MMSSL	2013	√	
SFSS	2011	√	
MLAN	2017	√	

表 4.4　不同方法在五个数据库上的识别率和标准差　　　　　(单位：%)

方法	识别率和标准差				
	8-Scene	UIUC-Sports	15-Scene Categories	MIT-Indoor	SUN397
FSSI	79.45±1.77	71.69±1.41	69.85±1.08	21.56±0.91	20.75±0.74
LRRADP	78.51±1.33	70.30±2.14	73.18±0.95	19.35±1.22	10.84±0.72
MMSSL	81.38±1.18	71.78±1.76	70.17±1.14	16.34±0.34	18.60±0.84
SFSS	82.03±1.08	74.96±1.92	74.22±0.97	20.11±1.20	26.96±0.88
MLAN	82.23±1.18	75.23±1.77	74.58±1.02	18.67±0.92	23.38±0.48
SSMFR	84.76±1.15	79.62±1.19	76.80±0.89	22.78±1.05	29.92±0.72

从表 4.4 中的对比结果可以看出，FSSI 在整体性能上要弱于其他几种基于半监督的方法，这是由于 FSSI 是一种有监督的多特征学习方法，该方法无法利用未标记样本的信息而导致识别效果相对较差。基于半监督的多特征学习方法可以通过利用未标记样本的信息来有效地提高场景识别的准确度。在基于半监督的多特征学习方法中，本章提出的 SSMFR 模型取得了相对较好的识别效果，这可能是由于以下原因：①SFSS 和 LRRADP 通过将多个特征直接拼接成一个特征向量来识别场景，这种特征拼接方式无法有效融合多种特征信息；②MLAN 未采用标签传递机制，因此有标记样本的标签信息不能很好地被利用，从而导致场景识别性能受限；③本章提出的 SSMFR 模型采用自适应加权多图标签传递和基于 $l_{2,1}$ 范数的约束来学习更鲁棒的分类器，能充分保持每种特征的流形结构且能够学习不同特征之间的互补信息，取得了相对较好的识别效果。

最后，采用单边 Wilcoxon 秩和检验来验证 SSMFR 模型的识别结果是否明显优于其他对比方法。在单边 Wilcoxon 秩和检验中，原假设是 SSMFR 方法的性能与其他对比方法的性能差不多，而备择假设是 SSMFR 模型的性能显著优于其他对比方法的性能。例如，在对比 SSMFR 和 FSSI 的性能(记为 SSMFR vs. FSSI)时，原假设可定义为 H$_0$: $M_{SSMFR} = M_{FSSI}$，而备择假设可定义为 H$_1$: $M_{SSMFR} > M_{FSSI}$，其中 M_{SSMFR} 和 M_{FSSI} 分别代表 SSMFR 和 FSSI 方法得到的场景识别率的中值。这里将假设检验水平设置为 0.05。表 4.5 给出了所有算法的成对单边 Wilcoxon 秩和检验 p 值。从表中可以看出，所有成对单边 Wilcoxon 秩和检验所得到的 p 值均小于 0.05，意味着所有检验均接受了备择假设而拒绝了原假设。这表明本书提出的 SSMFR 模型的性能显著优于其他对比方法。

表 4.5　所有算法的成对单边 Wilcoxon 秩和检验 p 值

算法	p 值
FSSI vs. SSMFR	3.84×10^{-4}
LRRADP vs. SSMFR	1.11×10^{-4}
MMSSL vs. SSMFR	6.50×10^{-4}
SFSS vs. SSMFR	0.0120
MLAN vs. SSMFR	0.0072

4.3.3　参数敏感性测试

在 SSMFR 模型中有三个重要参数：λ、α 和 β。参数 λ 用于防止模型出现过拟合现象，参数 α 用于控制式(4.8)中自适应多图标签传递项的重要性，参数 β 用于约束非负权值向量 ω 的稀疏性。在实验中，为了测试每个参数对算法性能的影响，并选择出最优参数组合，采用交替网格搜索的方式来选择参数 λ、α 和 β 的值，参数网格搜索范围均设置为 {0.001, 0.01, 0.1, 1, 10, 100, 1000}。具体来说，在实验中测试了三个参数的不同组合对模型性能的影响，但为了简洁和易于观察，在绘制图 4.3～图 4.5 时分别固定三个参数中的两个为各自的最优值，然后给出第三个参数取值变化时的识别结果。图 4.3 给出了固定参数 α 和 β，参数 λ 取不同值时 SSMFR 模型在五个数据库上识别率的变化曲线图。从图中可以看出，当参数 λ 取一个相对较小的值时模型会取得较好的识别率。这是因为 λ 的取值太大将会使 SSMFR 模型中正则化项 $\|W^m\|_{2,1}$ 起主导作用，导致无法精确地学习出特征集与标签矩阵之间的映射关系，从而影响模型的识别性能。

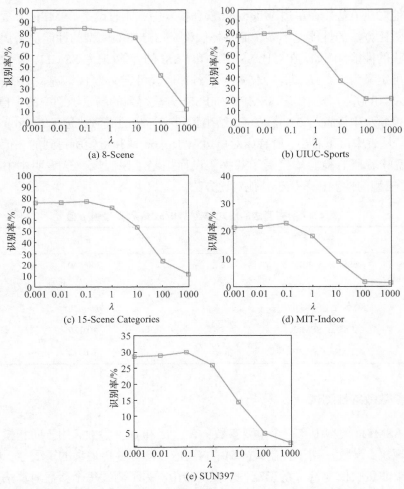

图 4.3　在不同数据库上参数 λ 取不同值时 SSMFR 模型的识别率

　　固定参数 λ 和 β，参数 α 取不同值时 SSMFR 模型在五个数据库上获得的识别率如图 4.4 所示。参数 α 的作用是控制目标函数[式(4.8)]中自适应多图标签传递项的重要性。从图 4.4 中可以看出，随着参数 α 取值的增大，识别率呈现先上升后下降的趋势。这是因为随着 α 取值的增大，SSMFR 模型能够更充分地利用未标记样本的信息来提高其识别性能，因此识别率呈现上升趋势，而达到最优识别率后，随着 α 取值的继续增大，式(4.8)中其他项的作用将被忽略，导致了模型性能的下降，因此识别率开始呈现下降趋势。

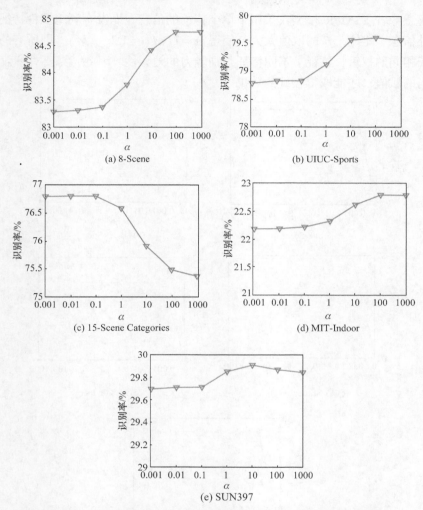

图 4.4 在不同数据库上参数 α 取不同值时 SSMFR 模型的识别率

图 4.5 给出了在五个数据库上,固定参数 λ 和 α ,参数 β 取不同值时 SSMFR 模型的识别率曲线。从图中可以看出,当参数 β 的取值适中时,模型对其不敏感,识别率相对稳定;当参数 β 的取值太小或太大时,模型识别率会下降,这主要是由于参数 β 的作用是约束非负权值向量 ω 的稀疏性,$\beta = 0$ 会导致式(4.14)产生一个平凡解。

$$\omega_i = \begin{cases} 1, & q_i = \min\limits_{m=1,2,\cdots,M} q_m \\ 0, & \text{其他} \end{cases} \tag{4.37}$$

平凡解意味着 SSMFR 模型仅采用了单个特征的信息,而没有利用多种特征之间平凡解意味着 SSMFR 模型仅采用了单个特征的信息，而没有利用多种特征之间的互补信息。此外，β 的取值太大会使得 $\omega_i = 1 / M (i = 1, 2, \cdots, M)$，即所有的特征被赋予相同的权重，忽视了不同特征判别能力的差异性。因此，需要对参数 β 进行适当的赋值，才能取得较好的效果。

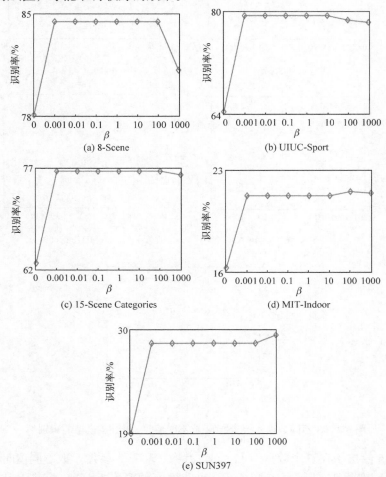

图 4.5　在不同数据库上参数 β 取不同值时 SSMFR 模型的识别率曲线

4.3.4　模型收敛性验证

为了验证 SSMFR 模型的收敛性，这里给出了 SSMFR 在五个数据库上的收敛曲线，如图 4.6 所示。从图中可以看出，SSMFR 模型的目标函数值随着迭代次数的增加迅速减小，最终目标函数值曲线趋于平缓。因此，SSMFR 模型在五个数据库上均以较快的速度收敛。

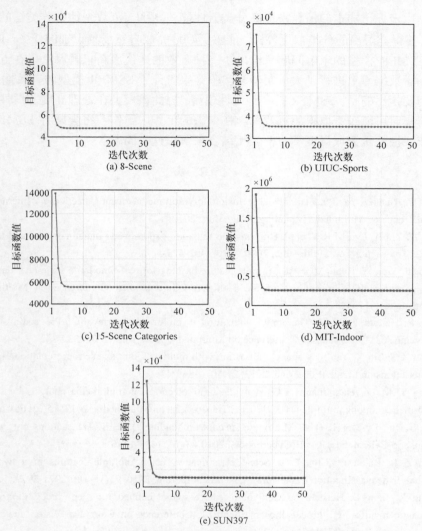

图 4.6　SSMFR 算法在不同数据库上的收敛曲线图

4.4　本　章　小　结

　　自然场景图像较为复杂，从多角度提取特征对其进行描述才能获得较好的识别效果。因此，为了更好地融合所提取的多种特征，同时利用大量未标记样本的信息来提高分类器性能，本章提出了 SSMFR 模型。该模型能够充分地挖掘多种特征之间包含的互补信息，联合学习出统一的全局标签矩阵和对应每种特征的子分类器；通过引入自适应加权多图标签传递技术来实现对未标记样本的标签预测，进而利用未标记样本的信息来提高分类器性能；采用 $l_{2,1}$ 范数来约束分类器的学习过程，使得学习出的分类器更鲁棒，能够更好地完成自然场景识别的任务。此外，针对 SSMFR 模型的求解问题，给出了一种有效的迭代更新求解算法。在五个经典的场景数据库上进行了大量实验，实验结果验证了 SSMFR 模型的有效性。

　　需要指出的是，SSMFR 是一种线性模型，因此该模型在处理高度非线性分布的数据集时可能较难取得满意效果。在未来的工作中，作者将尝试将 SSMFR 模型与非线性核函数或深度学习框架相结合来解决这个问题。

<h1 style="text-align:center">参 考 文 献</h1>

[1] Lan Z, Bao L, Yu S I, et al. Double fusion for multimedia event detection[C]//International Conference on Multimedia Modeling, Klagenfurt, 2012: 173-185.

[2] Ma H, Zhu J, Lyu M R T, et al. Bridging the semantic gap between image contents and tags[J]. IEEE Transactions on Multimedia, 2010, 12(5): 462-473.

[3] Song J, Yang Y, Huang Z, et al. Multiple feature hashing for real-time large scale near-duplicate video retrieval[C]//Proceedings of the 19th ACM International Conference on Multimedia, Scottsdale, 2011: 423-432.

[4] Yan R, Hauptmann A G. The combination limit in multimedia retrieval[C]//Proceedings of the Eleventh ACM International Conference on Multimedia, New York, 2003: 339-342.

[5] Yuan X T, Liu X, Yan S. Visual classification with multitask joint sparse representation[J]. IEEE Transactions on Image Processing, 2012, 21(10): 4349-4360.

[6] Yang Y, Ma Z, Hauptmann A G, et al. Feature selection for multimedia analysis by sharing information among multiple tasks[J]. IEEE Transactions on Multimedia, 2013, 15(3): 661-669.

[7] Xia T, Tao D, Mei T, et al. Multiview spectral embedding[J]. IEEE Transactions on Systems, Man, and Cybernetics, Part B(Cybernetics), 2010, 40(6): 1438-1446.

[8] Sun Z L, Rajan D, Chia L T. Scene classification using multiple features in a two-stage probabilistic classification framework[J]. Neurocomputing, 2010, 73(16-18): 2971-2979.

[9] Song X, Jiang S, Herranz L. Joint multi-feature spatial context for scene recognition on the semantic manifold[C]//Proceedings of the IEEE Conference on Computer Vision and Pattern Recognition, Boston, 2015: 1312-1320.

[10] Song X, Jiang S, Herranz L. Multi-scale multi-feature context modeling for scene recognition in the semantic manifold[J]. IEEE Transactions on Image Processing, 2017, 26(6): 2721-2735.

[11] Lin C Y, Tseng B L, Smith J R. Video collaborative annotation forum: Establishing ground-truth labels on large multimedia datasets[C]//Proceedings of the TRECVID 2003 Workshop, Gaithersburg, 2003.

[12] Yang Y, Song J, Huang Z, et al. Multi-feature fusion via hierarchical regression for multimedia analysis[J]. IEEE Transactions on Multimedia, 2013, 15(3): 572-581.

[13] Zhou J, Sun S. Gaussian process versus margin sampling active learning[J]. Neurocomputing, 167: 122-131.

[14] Li P, Bu J, Chen C, et al. Relational multi-manifold co-clustering[J]. IEEE Transactions on Cybernetics, 2013, 43(6): 1871-1881.

[15] Nie F, Huang H, Cai X, et al. Efficient and robust feature selection via joint $l_{2,1}$-norms minimization[C]//Advances in neural information processing systems, Vancouver, 2010: 1813-1821.

[16] Zhao M, Zhang Z, Chow T W S, et al. A general soft label based linear discriminant analysis for semi-supervised dimensionality reduction[J]. Neural Networks, 2014, 55: 83-97.

[17] Cai D, He X, Han J, et al. Graph regularized nonnegative matrix factorization for data representation[J]. IEEE Transactions on Pattern Analysis and Machine Intelligence, 2011, 33(8): 1548-1560.

[18] Ding C, Li T, Jordan M. Convex and semi-nonnegative matrix factorizations[J]. IEEE Transactions on Pattern Analysis and Machine Intelligence, 2010, 32(1): 45-55.

[19] Gu Q, Zhou J. Co-clustering on manifolds[C]//Proceedings of the 15th ACM SIGKDD International Conference on Knowledge Discovery and Data Mining, Paris, 2009: 359-368.

[20] Luo Y, Tao D, Xu C, et al. Multiview vector-valued manifold regularization for multilabel image classification[J]. IEEE Transactions on Neural Networks and Learning Systems, 2013, 24(5): 709-722.

[21] Rudin W. Principles of Mathematical Analysis[M]. New York: McGraw-Hill, 1964.

[22] Oliva A, Torralba A. Modeling the shape of the scene: A holistic representation of the spatial envelope[J]. International Journal of Computer Vision, 2001, 42(3): 145-175.

[23] Li L J, Li F F. What, where and who? classifying events by scene and object recognition[C]// 2007 IEEE the 11th International Conference on Computer Vision, Rio de Janeiro, 2007: 1-8.

[24] Lazebnik S, Schmid C, Ponce J. Beyond bags of features: Spatial pyramid matching for recognizing natural scene categories[C]//2006 IEEE Computer Society Conference on Computer Vision and Pattern Recognition, New York, 2006, 2: 2169-2178.

[25] Quattoni A, Torralba A. Recognizing indoor scenes[C]//IEEE Conference on Computer Vision and Pattern Recognition, Miami, 2009: 413-420.

[26] Xiao J, Hays J, Ehinger K A, et al. Sun database: Large-scale scene recognition from abbey to zoo[C]//2010 IEEE Computer Society Conference on Computer Vision and Pattern Recognition, San Francisco, 2010: 3485-3492.

[27] Guo S, Huang W, Wang L, et al. Locally supervised deep hybrid model for scene recognition[J]. IEEE Transactions on Image Processing, 2016, 26(2): 808-820.

[28] Jin Kim H, Frahm J M. Hierarchy of alternating specialists for scene recognition[C]// Proceedings of the European Conference on Computer Vision, Munich, 2018: 451-467.

[29] Deshpande A, Rock J, Forsyth D. Learning large-scale automatic image colorization[C]// Proceedings of the IEEE International Conference on Computer Vision, Santiago, 2015: 567-575.

[30] Bosch A, Zisserman A, Munoz X. Image classification using random forests and ferns[C]//2007 IEEE the 11th International Conference on Computer Vision, Rio de Janeiro, 2007: 1-8.

[31] Ojala T, Pietikäinen M, Harwood D. A comparative study of texture measures with classification based on featured distributions[J]. Pattern Recognition, 1996, 29(1): 51-59.

[32] Csurka G, Dance C, Fan L, et al. Visual categorization with bags of keypoints[C]//Proceedings

of the International Workshop on Statistical Learning in Computer Vision, Prague, 2004: 1-22.

[33] Ojala T, Pietikäinen M, Mäenpää T. Multiresolution gray-scale and rotation invariant texture classification with local binary patterns[J]. IEEE Transactions on Pattern Analysis & Machine Intelligence, 2002, (7): 971-987.

[34] Fei L, Xu Y, Fang X, et al. Low rank representation with adaptive distance penalty for semi-supervised subspace classification[J]. Pattern Recognition, 2017, 67: 252-262.

[35] Cai X, Nie F, Cai W, et al. Heterogeneous image features integration via multi-modal semi-supervised learning model[C]//Proceedings of the IEEE International Conference on Computer Vision, Sydney, 2013: 1737-1744.

[36] Ma Z, Nie F, Yang Y, et al. Discriminating joint feature analysis for multimedia data understanding[J]. IEEE Transactions on Multimedia, 2012, 14(6): 1662-1672.

[37] Ma Z, Yang Y, Nie F, et al. Exploiting the entire feature space with sparsity for automatic image annotation[C]//Proceedings of the 19th ACM International Conference on Multimedia, Scottsdale, 2011: 283-292.

[38] Nie F, Cai G, Li X. Multi-view clustering and semi-supervised classification with adaptive neighbours[C]//The Thirty-First AAAI Conference on Artificial Intelligence, San Francisco, 2017: 2408-2414.

第5章 基于全局与局部信息融合的天文场景物体检测

5.1 引 言

天文场景图像可以提供有关天体物理性质和宇宙演化过程的信息。为了更好地探索宇宙，天文学家不得不从高分辨率天文场景图像中查找存在的天体。由于天文场景图像灰度动态范围极大、图像中存在大量天体且大多数天体极其微弱，人工对其进行识别是非常耗时且具有挑战性的。因此，迫切需要研究有效且鲁棒的基于计算机视觉的识别方法来自动地对天文场景图像进行分析与识别。

与传统摄像头获取的图像(如自然场景图像、天气场景图像)不同，通过天文望远镜获取的天文场景图像具有灰度值动态范围极大、噪声含量大、图像中的大量物体(星体和星系等)没有清晰的边界、物体的尺寸和亮度差异巨大等特点[1]，导致天文场景识别与其他场景识别任务不同，天文场景识别的关键是如何从含有大量噪声的高分辨率图像中识别(检测)出真实存在的天体。

目前，研究人员已提出了许多基于计算机视觉的天文场景物体检测方法，例如，Slezak 等[2]提出基于高斯拟合直方图分布来区分天文场景图像中的噪声和物体；Guglielmetti 等[3]利用基于先验信息的贝叶斯分类器对天文场景图像中的物体进行检测；Broos 等[4]采用小波变换对天文图像进行重构，并利用重构图像中像素峰值来检测物体；Bertin 等[5]提出一种基于背景估计和阈值分割的天文场景物体检测方法 SExtractor，该方法被广泛应用于天文场景物体检测任务中。上述方法通常可以取得不错的检测效果，但由于天文场景图像具有较低的信噪比、变化的背景且天体之间存在巨大的亮度差异等特性，这些方法容易漏检一些微弱的物体，或检测出较多的假阳性物体(噪声)。

如何在天文场景图像中检测出更多真实的微弱物体引起了广泛关注。Torrent 等[6]提出了一种基于机器学习的天文场景物体检测方法，该方法首先通过一组滤波器与多幅图像进行卷积来提取局部特征(微弱物体的块)，并利用这些特征训练分类器，然后采用该分类器对微弱物体进行检测。此方法虽然可以有效地检测微弱物体，但特征提取和分类器训练需要耗费大量的时间，且需要额外构造大量有真实标记的天文场景数据集来训练分类器，因而大大限制了其应用范围。Peracaula 等[7,8]提出了基于小波分解和对比度径向基函数的峰值检测算法来检测天文场景图像中的微弱物体，但该方法是针对无线电、红外天文场景图像的物体检测问题提出的。Masias 等[1]指出基于多尺度变换(如 Peracaula 等[7,8]采用的小波分解)的检测方法通常适合处理红外、无线电和 X 射线的天文场景图像，当处理多波段的光学天文场景图像时，基础的图像变换(如滤波、形态学算子等)通常会取得更好的效果。

本章针对光学天文场景图像的物体识别与分析问题，提出一种基于全局与局部信息融合的天文场景物体检测方法。该方法的主要优势有：给出一种全局物体检测模型，该模型能在整幅图像中快速且有效地检测出物体；通过融合全局检测模型的检测结果，采用分水岭分割算法[9]对图像进行不规则子区域划分，该划分方式有利于在每个局部子区域中检测出更多的真实物体；采用基于噪声水平估计的自适应噪声去除算法来更精确地去除图像中的噪声；通过分层物体检测策略来分别检测图像中的明亮物体和微弱物体，该策略可以削弱明亮物体对微弱物体检测的影响，从而检测到更多的微弱物体。

5.2　基于全局与局部信息融合的物体检测方法

天文场景图像中物体的大小和亮度差异巨大，因此同时从图像中检测明亮物体和微弱物体较难取得满意的效果。本章提出一种基于全局与局部信息融合的天文场景物体检测方法，该方法不仅可以检测出更多的真实物体且可以检测出相对更多的微弱物体。为了进一步说明此优势，首先给出在一幅图像[1]的两个子区域中，分别采用本章提出的物体检测方法和经典的天文物体检测方法 SExtractor 得到的检测结果。如图 5.1 所示，图中正方形标记处是真实存在的物体的位置。图 5.1(a)是一幅包含大量微弱物体的图像区域，左图和右图中椭圆标记的物体分别是采用 SExtractor 方法和本章提出的方法的检测结果。从该检测结果中可以看出，SExtractor 方法错检出一个物体(左图中五角星标记处)，而本章提出的方法不仅没有错检出此物体，还检测到了更多的真实物体(右图中三角形标记处)。图 5.1(b)是一幅灰度动态范围较大的图像区域，图像中存在一个明亮物体和一些微弱物体，左图和右图中椭圆标记的物体分别是采用 SExtractor 方法和本章提出的方法的检测结果。从该检测结果中可以看出，本章提出的方法可以检测出更多的微弱物体(右图中三角形标记处)。

---

1 图像来自 LSST(Large Synoptic Survey Telescope)公开数据集 http://lsst.astro.washington.edu/data/deep/[2013-11-01]。

SExtractor方法　　　　　　本章提出的方法

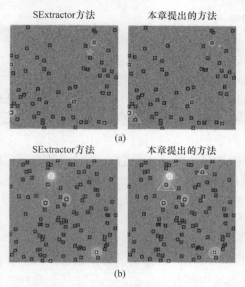

(a)

SExtractor方法　　　　　　本章提出的方法

(b)

图 5.1　两种方法检测结果对比

图 5.2 给出了本章所提方法的流程图。该方法主要包含两个检测模型：全局

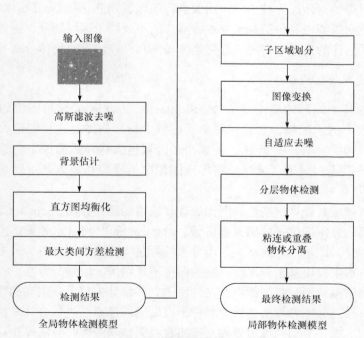

图 5.2　本章所提方法的流程图

物体检测模型和局部物体检测模型。

5.2.1　全局物体检测模型

全局物体检测模型可以快速地从整幅图像中检测出物体，不仅可以为局部物体检测模型提供先验信息，也可以作为一个单独的方法来处理天文场景物体检测问题。全局物体检测模型首先采用高斯滤波[10]对归一化的天文场景图像进行噪声去除；然后对去除噪声后的图像进行背景估计，以去除变化的背景对物体检测的影响；接着采用直方图均衡化[11]技术来进一步对图像进行增强；最后采用最大类间方差法[12]对天文物体进行检测。这几个步骤在接下来的局部检测模型中也会被采用，因此统一在 5.2.2 节详细介绍，在此不再赘述。

5.2.2　局部物体检测模型

受宇宙射线和图像获取设备的影响，天文场景图像含有大量的噪声，并且图像中不同区域的背景和噪声具有很大差异，导致基于全局的物体检测方法很难取得理想的效果。因此，基于局部的检测方法越来越受到研究人员的关注。在本章的方法中，通过融合全局检测模型的检测结果，即采用全局物体检测模型检测到的较大且明亮的物体作为种子点对图像进行子区域划分，提出局部物体检测模型。局部物体检测模型主要包括基于分水岭算法的不规则子区域划分、图像变换、基于噪声水平估计的自适应去噪、分层物体检测和粘连或重叠物体分离等过程。

1. 不规则子区域划分

传统的基于局部的检测方法(如 SExtractor 方法[5])通常将图像划分为规则的、固定大小的子区域，然后在每个子区域中检测物体。这种固定大小的子区域划分方式通常存在一定问题，例如，子区域过大将导致图像中背景的变化不能很好地被描述，而子区域过小将导致图像中的噪声和物体严重影响对背景的精确估计[5]。

分水岭算法是计算机视觉和图像处理领域中的经典算法，Beucher 等[9]提出采用分水岭算法分割图像中的感兴趣区域。Mangan 等[13]将分水岭算法应用于三维表面网格划分，即基于总曲率，采用分水岭算法将三维表面划分为若干子区域。受此启发，本章提出基于分水岭算法的图像不规则子区域划分方法。首先采用全局物体检测模型检测整幅图像中存在的物体，并将其中较大且明亮的物体作为种子点，然后通过分水岭算法迭代地将种子点周围的像素点进行合并来扩展每个种子点所在的区域，直到区域边界相互连接且覆盖整幅图像时算法停止。图 5.3 给出选择 30 个明亮物体作为种子点对图像进行不规则子区域划分的结果，图中采用不同颜色标记不同的子区域，每个子区域中的近圆形物体为种子点。

图 5.3　不规则子区域划分结果

　　传统的规则网格子区域划分方法有时会将同一个明亮的物体划分到不同的子区域中，这将影响物体检测的精确性。从图 5.3 中可以看出，利用本章提出的不规则子区域划分方法对图像进行分块，可以保证每个子区域至少包含一个较大且明亮的物体，且同一个较大的物体不会被划分到两个子区域中，这将有利于在每个子区域里计算更精确的物体检测阈值(有时天文场景图像中的较大物体是由成像干扰引起的，并不是真实物体，因此将较大物体划分到一个单独的子区域中，也有利于直接去除该干扰物体)。并且，基于较大且明亮的物体可以被完整地划分在一个子区域里这个特点，本章在后续的检测过程中提出了分层物体检测策略，以实现更有效地对微弱物体进行检测。

　　2. 图像变换

　　图像变换是为了抑制图像中的失真(形变)或增强图像中的有用特征，通过图像变换可以得到和原图内容一致但特征更明显的图像。在天文场景物体检测过程中，图像变换的主要目的是去除图像中的噪声和背景对物体检测的影响，并增强图像使其中的物体更显著从而更容易被检测[1]。

　　天文场景图像的灰度值动态范围高达 $0 \sim 10^5$，导致直接可视化整个灰度值范围内的图像较为困难[14,15]。但由于天文场景图像中大多数像素的灰度值分布在图像灰度中值附近[14]，因此可以在图像灰度中值附近一个较小的灰度范围内对图像进行灰度值变换，使得图像中的物体更清晰可见。灰度级拉伸变换是以某个合适的灰度值为中心，将整幅图像的灰度值在一个较小的范围内进行变换，进而使该中心灰度值附近的图像细节更明显[16]。本章引入 S 形函数[16]作为灰度级拉伸函数对天文场景图像的灰度值进行变换，其函数形式如下：

$$f\left(I\left(x,y\right)\right)=\frac{1}{1+\mathrm{e}^{-s\left(I(x,y)-c\right)}} \tag{5.1}$$

式中，c 为中心灰度值；s 为控制函数斜率的参数；$I(x,y)$ 为图像归一化后的像素值。在实验中，采用如下函数将图像灰度值进行归一化：

$$I(x,y)=\sqrt{\frac{I_{\mathrm{ori}}\left(x,y\right)-I_{\mathrm{min}}}{I_{\mathrm{max}}-I_{\mathrm{min}}}} \tag{5.2}$$

式中，$I_{\mathrm{ori}}\left(x,y\right)$ 为原始图像在点 (x,y) 处的像素灰度值；I_{min} 和 I_{max} 分别代表原始图像的最小和最大灰度值。鉴于天文场景图像的灰度值动态范围很大，这里通过开平方运算来避免归一化后的像素灰度值太小而受浮点运算中数值噪声的影响。图 5.4 是 S 形函数分别取不同参数值时对应的函数曲线示意图，横轴代表输入的原始像素灰度值，纵轴代表采用灰度级拉伸函数变换后的像素灰度值。在本章中，c 设置为图像灰度分布的中值，s 依据经验设置为 40。图 5.5 给出了采用灰度级拉伸函数对天文场景图像处理得到的结果图。从图中可以看出，经过灰度级拉伸变换[图 5.5(b)]，在原始图像[图 5.5(a)]中不可见的物体变得清晰可见，即图像中的微弱物体变得更显著，从而有利于对其进行检测。

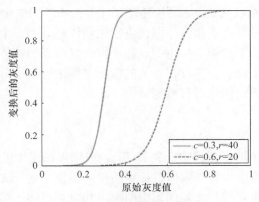

图 5.4　S 形函数的曲线图

　　除了较高的灰度值动态范围，变化的背景也是严重影响天文物体检测的一个因素。在天文场景图像中，每个像素点的值都是背景信号和物体发出的光强度之和[5]。因此，为了更好地检测微弱物体并精确计算其流量，需要对图像中任一位置的背景进行准确估计，并利用原始图像减去背景来去除背景对物体检测的影响。本章采用 Bertin 等[5]提出的基于图像统计特性的天文场景图像背景估计方法，该方法通过结合 $k.\sigma$ 直方图剪切($k.\sigma$ -histogram clipping)技术[17]和模式估计方法对

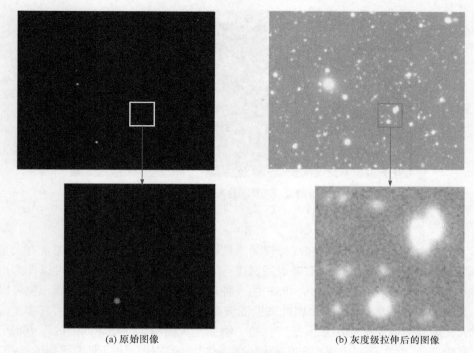

(a) 原始图像　　　　　　　　　　　(b) 灰度级拉伸后的图像

图 5.5　灰度级拉伸变换的结果

法对背景进行估计。给定一幅图像，首先将图像按网格划分为若干子区域，然后在每个子区域中迭代地对图像灰度分布直方图进行剪切直到收敛于以灰度中值为中心的 $\pm 3\sigma$ 范围内。如果在此过程中 σ 的变化小于 20%，那么认为该区域是非拥挤的区域(星体数目较少，大多数星体互不重叠的区域)，此时背景 BG 的值为剪切后的灰度直方图的均值；否则，按以下模式估计该区域的背景 BG：

$$\text{BG} = 2.5 I_{\text{med}} + 1.5 I_{\text{mean}} \tag{5.3}$$

式中，I_{med} 和 I_{mean} 分别代表剪切后灰度直方图的中值和均值。

　　天文场景图像灰度分布直方图的峰值通常集中在一个较低的光谱范围内，因此天文场景图像中的物体大多是微弱物体。但由于微弱物体与背景的对比度较低，微弱物体很难被检测出来。本章采用直方图均衡化技术对天文场景图像进行进一步增强。直方图均衡化方法采用累积函数对图像灰度直方图进行调整来达到增强图像对比度的目的，从而使得物体和背景的对比更鲜明，且使得物体的边界更清晰而易于检测。图 5.6 给出对图 5.5(b)中的图像进一步采用直方图均衡化处理后的结果，从图中可以看出采用直方图均衡化后，物体和背景之间的对比度变得更大，且物体的边界变得更清晰。

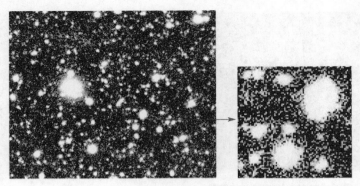

图 5.6　直方图均衡化的结果

3. 自适应去噪

受夜空光噪、随机噪声和成像设备系统噪声等影响，天文场景图像含有大量噪声，因此在物体检测之前需要对图像进行噪声去除。高斯滤波函数可以作为点扩散函数(point spread function，PSF)的一种近似，不仅可以对图像去噪，也可以增强图像中的真实物体[1,17]，因此高斯滤波是天文场景图像去噪的常用方法。由于天文场景图像中的噪声水平是变化的，例如，大而明亮的物体周围的噪声水平通常较高，因此在整幅图像中采用相同的高斯滤波函数往往很难取得理想的效果。为了解决这个问题，本章提出一种基于噪声水平估计的自适应去噪方法。

Liu 等[18]提出一种基于弱纹理图像块的噪声水平估计算法，该算法是通过统计分析大量图像块的属性实现的。首先利用梯度协方差矩阵从大量的图像块中选择弱纹理图像块，然后在弱纹理图像块中，基于主成分分析来计算噪声水平 $\hat{\sigma}_n^2$。通过数学推导，$\hat{\sigma}_n^2$ 最终的计算形式为

$$\hat{\sigma}_n^2 = \lambda_{\min}\left(\Sigma_{y'}\right) \tag{5.4}$$

式中，$\Sigma_{y'}$ 代表选择出的弱纹理图像块的梯度协方差矩阵；$\lambda_{\min}\left(\Sigma_{y'}\right)$ 代表 $\Sigma_{y'}$ 的最小特征值。

根据式(5.4)计算出的噪声水平，本章提出一种自适应的噪声去除方法，即在滤波的过程中动态调节高斯滤波窗口的大小。其调节原则为：若噪声水平较高，则增大高斯滤波的窗口，否则减小高斯滤波窗口。

噪声水平估计算法需迭代地选择具有弱纹理特性的 7×7 大小的图像块，并且迭代地计算噪声水平 $\hat{\sigma}_n^2$，直至 $\hat{\sigma}_n^2$ 的值不再变化。当将该算法直接应用于整幅高分辨率的天文场景图像时，需首先对图像进行分块得到大量的图像子块，然后从这些子块中迭代地选择弱纹理的子块并计算噪声水平，这是一个极其耗时的过程。因此，本章仅将基于噪声水平估计的自适应去噪方法应用于局部物体检测模型中，

在全局物体检测模型中，采用固定窗口大小的高斯滤波函数。

4. 分层物体检测

为了更好地检测天文场景图像中的微弱物体，本章提出一种基于最大类间方差法的分层物体检测策略。

Otsu 等[12]提出的最大类间方差法通过计算一个合适的阈值来区分图像中的前景和背景。该方法基于最小化类内方差 σ_ω^2 来计算最优的阈值(Otsu 等[12]指出在计算最优阈值时，最大化类间方差和最小化类内方差等价)，σ_ω^2 定义如下：

$$\sigma_\omega^2(t) = \omega_1(t)\sigma_1^2(t) + \omega_2(t)\sigma_2^2(t), \quad t = 1, 2, \cdots, I_{\max} \tag{5.5}$$

式中，t 代表候选阈值；$I_{\max}$ 代表图像的最大灰度值；σ_1^2 和 σ_2^2 分别代表被当前阈值 t 分开的两类像素点(前景和背景)的类内方差；ω_1 和 ω_2 分别代表前景和背景的权值，其计算方法如下：

$$\omega_1 = \sum_{i=0}^{t} p(i) \tag{5.6}$$

$$\omega_2 = \sum_{i=t+1}^{I_{\max}} p(i) \tag{5.7}$$

式中，$p(i)$ 代表图像中灰度值为 i 的像素点出现的概率。

最小化式(5.5)中的 σ_ω^2 得到最优阈值后，将大于该阈值的像素点灰度值映射为 0(物体)，小于该阈值的像素点灰度值映射为 1(背景)，从而得到一幅包含检测结果的二值图像。

由于在每个子区域中明亮物体和微弱物体的亮度差异巨大，因此直接采用最大类间方差法计算出的检测阈值通常不是最合适的。SExtractor[5]方法也考虑到此问题，采用中值滤波来抑制在每个 32×32 大小的图像块中由明亮物体导致的背景过估计。虽然中值滤波可以改善背景估计的精度，从而提高计算出的物体检测阈值的准确度，但受明亮物体的影响，微弱物体仍然容易被误判成背景或噪声。为了解决这个问题，本章提出一种分层检测的策略，以实现对明亮物体周围的微弱物体进行更有效的检测。

本章前面介绍过，不规则子区域划分方法可以保证在每个子区域中至少包含一个明亮物体，且同一个明亮物体不会被划分到多个子区域中。基于该特点，在每个子区域中采用分层检测的策略分别检测明亮物体和微弱物体，进而消除明亮物体对微弱物体检测的影响。分层物体检测策略的具体过程如下：

算法 5.1　分层物体检测策略

输入：待检测子区域 I_{sub}

(1) 在 I_{sub} 中采用最大类间方差法检测物体，并仅保留明亮物体；

(2) 对 I_{sub} 进行图像灰度级拉伸变换和背景去除，并去除步骤(1)中检测到的明亮物体，将得到的残差图像记为 I_r；

(3) 将图像 I_r 中去除明亮物体的区域的灰度值设置为图像 I_r 的均值，将得到的图像记为 I_m；

(4) 在图像 I_m 中采用直方图均衡化、自适应去噪和最大类间方差法等步骤检测微弱物体，并利用中值滤波对检测结果(二值图像)进行滤波来去除其中的极小物体(这些极小物体更可能是噪声)；

(5) 将步骤(1)中保留的明亮物体和步骤(4)中检测到的微弱物体共同作为最终的检测结果。

输出：检测结果

图 5.7 是分层物体检测的结果。通过对比图 5.7(a)和图 5.7(b)可以发现，采用分层检测的策略可以检测到更多微弱的物体。

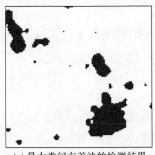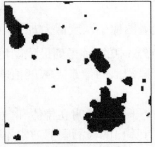

(a) 最大类间方差法的检测结果　　　　　(b) 分层物体检测的结果

图 5.7　分层物体检测的结果

5. 粘连或重叠物体分离

在物体检测的结果图像中(图 5.7)，每组邻接的黑色像素可能是一个单独的物体，也可能是几个物体粘连或重叠在一起。因此需要对每组邻接像素进行分析，并将粘连或重叠物体进行分离。本章采用一种类似于 Bertin 等[5]提出的多阈值方法来分析并实现粘连或重叠物体的分离。首先在检测到的初始物体(一组邻接像素)的最大灰度值和最小灰度值之间以指数采样的方式设置多个阈值，采样方式如下：

$$T_i = I_{min}\left(\frac{I_{max}}{I_{min}}\right)^{\frac{i}{N}}, \quad i = 1, 2, \cdots, N \tag{5.8}$$

式中，$I_{\min}$ 和 $I_{\max}$ 分别为邻接像素集内的最大灰度值和最小灰度值；N 为设置的阈值个数。

通过式(5.8)得到 N 个阈值后，每次从小到大取一个 T_i，并分别将大于 T_i 和小于 T_i 的像素进行分离，从而得到具有树结构的若干像素子集。在该树结构的第 i 层上(灰度值大于 T_i 的所有像素)，相连接的像素组成的子集为一个分支，同一层上可能存在多个分支。从树的顶端到底端依次判断每个分支是否为一个单独的物体。在第 i 层，若至少有两个分支同时满足分支的灰度值之和大于 $p(1 > p > 0)$ 倍的整个树结构的灰度值之和，则在第 i 层将该树分离为若干独立的物体。在本章的方法中，N 和 p 的值依据经验分别设置为 32 和 0.001。

对物体进行分离后，会存在一些分散的、灰度值低于分离阈值 T_i 的像素点，这些像素点需要被分配给合适的物体。首先将分离出的物体作为种子点，然后采用分水岭算法将分散的像素点合并到适合的种子点。图 5.8 给出粘连或重叠物体分离的结果，图中黑色的像素集代表检测到的初始物体，利用基于多阈值的分离方法对粘连或重叠物体进行分离，得到的结果如图中的椭圆标记所示(椭圆代表物体的形状，加号标记的位置为物体的中心点)。

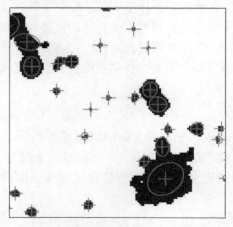

图 5.8　粘连或重叠物体分离的结果

5.3　实验设置与结果分析

5.3.1　实验数据库

分别采用模拟天文场景图像数据库 LSST(Large Synoptic Survey Telescope)[1] 和

1 http://lsst.astro.washington.edu/data/deep/[2013-11-01]。

Wittman 等[19]提供的真实天文场景图像数据库 DLS(Deep Lens Survey)[1]来验证本章提出的基于全局与局部信息融合的天文场景物体检测方法的有效性。

1. LSST 数据库

LSST 数据库中的图像是具有高保真度的天空模拟图像。该数据库通过模拟一个大光圈、广角天文望远镜来生成分辨率为 4096×4096 的 CCD(charge- coupled device)图像，并将图像存储为 FITS(flexible image transport system)文件。LSST 数据库中不同的图像是通过设置不同的天文参数，如大气光学质量、视宁度和背景模型等，来模拟天空中的同一区域生成的。该数据库提供了每幅图像的天体星表(天体目录)，天体星表中的数据是图像中存在的真实物体的位置及其属性，可以用来作为评价物体检测方法的基准。在实验中，采用该数据库中的图像"Deep_32.fits""Deep_36.fits"测试本章提出的方法，这两幅图像具有相同的大气光学质量和天空背景模型，但具有不同的噪声水平和视宁度。

根据 LSST 数据库的天体星表，该数据库中每幅图像含有 199356 个星系和510 个星体。其中，大量的星系在图像空间中极其微弱，几乎是不可见的，更无法被检测出来。因此，在使用该天体星表前，需要去除其中极其微弱的星系，否则会由于目录中存在大量不可被检测到的物体的位置和属性而干扰算法检测结果与天体星表之间的对比。去除不可见星系的准则为：若星系的星等值(magnitude)小于阈值 r_mag_t，则该星系是明亮物体应被保留，否则将被去除。r_mag_t 的计算方式如下：

$$r\_mag_t = r\_mag_{min} + T(r\_mag_{max} - r\_mag_{min}) \tag{5.9}$$

式中，r_mag_{min} 和 r_mag_{max} 分别为天体星表中星系的最小和最大星等值。星等值是衡量天体光度的量，星等值越小，星体越亮。T 设置为 0.35，因为该值可以确保本章方法及其对比方法检测到的具有同等级亮度的全部物体被保留在处理后的天体星表中。

通过去除不可见星系，可以将不同方法的检测结果与天体星表进行更精确的对比，进而验证方法的有效性。下面提到的 LSST 数据库的天体星表均指去除不可见星系之后的天体星表。

2. DLS 数据库

DLS 数据库[2]中的图像是通过美国国家光学天文台(National Optical Astronomy Observatory, NOAO)的望远镜 Blanco 和 Mayall 获取的。该数据库中的"R.fits""V.fits"

---

1 http://dls.physics.ucdavis.edu[2013-11-15]。

2 http://dls.physics.ucdavis.edu[2013-11-01]。

"B.fits"和"z.fits"是采用不同波段滤镜对天空同一区域观测而获得的四幅图像，图像大小均为 2001×2001。

此数据库没有提供天体星表，但在四幅不同波段的图像中同时被检测到的物体(具有一致性的物体)被认为是最可能真实存在的物体。因此通过对不同波段图像的检测结果进行交叉验证，可以合理地估计出哪些物体是真实存在的物体，哪些是假阳性物体。R 波段由于具有良好的深度和视宁度而被认为是较好的可检测波段，因此可以将其他波段图像的检测结果与 R 波段图像"R.fits"的检测结果进行对比来作为天文物体检测方法的一种评价指标。除此之外，通过综合本章方法的检测结果和 SExtractor 方法[5]的检测结果可以为 DLS 数据库构建一个天体星表子集，该天体星表子集可以作为评价检测算法性能的第二种指标。

3. O-DLS 数据库

为了在更具挑战性的真实数据上测试本章方法的有效性，这里从 DLS 的非叠加 R 波段图像中选择一部分作为测试数据，将该数据库命名为 O-DLS 数据库。该数据库中的图像是平场型的，采用通用的校准数据对其进行了背景减除，此外没有进行其他任何预处理，将此图像命名为"DLS_R_raw.fits"。此外，通过 Malte Tewes 提供的可执行程序 [1] 去除图像"DLS_R_raw.fits"中的宇宙线来生成另一幅测试图像(命名为"DLS_R_cosmic_ray_cleaned.fits")。该程序是实现 Van Dokkum 等[20]提出的去除明显宇宙线算法的 python 代码模块。这两幅图像没有天体星表，因此将叠加天空同一区域的 20 幅 DLS 图像而获得的图像"DLS_R_stacked.fits"作为提供真实天体星表的图像，利用该图像可以评价检测方法在图像"DLS_R_raw.fits"和"DLS_R_cosmic_ray_cleaned.fits"上的检测性能。

5.3.2　模拟数据库的检测结果与分析

在 LSST 数据库上测试本章提出的全局物体检测模型，并将检测结果中的粘连和重叠物体分离之后与 SExtrator 方法[53]对比。SExtractor 方法[53]是目前天文物体检测领域中常用的经典工具之一，通常被用作评价新提出的天体检测方法好坏的基准。为了获得较好且检测物体数目相当的结果，从而更好地与本章方法进行对比，SExtractor 的参数 DETECT THRESH 和 DETECT MINAREA 分别设置为 1.64 和 1。为了去除检测结果中的噪声(异常点)，SExtractor 方法采用一个名为"Cleaning"的步骤来去除这些噪声，而在本章提出的方法中，采用形态学开闭运算来去除检测物体周围的噪声。将本章提出的方法和 SExtractor 方法的检测结果分别与 LSST 数据库的天体星表进行对比，来计算每种方法检测到的真

---

1 http://obswww.unige.ch/~tewes/cosmics_dot_py[2014-10-15]。

实物体(真阳性物体)的数目。表 5.1 给出了本章提出的方法和 SExtractor 方法检测到的真实物体的数目和正确检测率。从表中可以看出，虽然在图像"Deep_32.fits"中本章提出的方法检测到的物体总数少于 SExtractor 方法，但比 SExtractor 方法多检测到 121 个真阳性物体。在图像"Deep_36.fits"中，本章提出的方法比 SExtractor 方法多检测到 113 个真阳性物体，说明本章提出的方法具有相对较高的准确度。

表 5.1　不同方法在 LSST 数据库上的检测结果

图像	方法	物体总数	真阳性物体数目	正确率/%
Deep_32.fits	SExtractor 方法	1441	1189	82.51
	本章提出的方法	1433	1310	91.42
Deep_36.fits	SExtractor 方法	1386	1138	82.51
	本章提出的方法	1375	1251	90.98

接下来比较两种方法分别检测到的独有物体(仅被其中一种方法检测到，另一种方法检测不到)的数目。图 5.9 给出在图像"Deep_32.fits"里大小为 32×32 的子区域中，每种方法检测到的独有物体示意图。图 5.9(a)是 SExtractor 方法的检测结果，其中正方形标记的是检测到的独有物体且该物体是真阳性的，而加号标记的是检测到的独有物体但该物体是假阳性的。图 5.9(b)是本章提出的方法的检测结果，其中椭圆形标记的是检测到的独有物体且该物体是真阳性的，而星号标记的是检测到的独有物体但该物体是假阳性的。图 5.9 所示的两幅图像中未被标记的黑色像素区域是两种方法同时检测到的物体(非独有物体)。

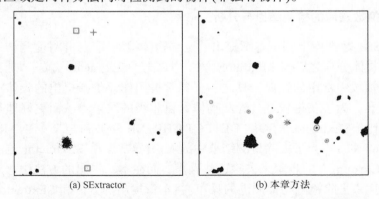

(a) SExtractor　　　　　　　　　(b) 本章方法

图 5.9　不同方法在图像"Deep_32.fits"中检测到的独有物体示意图

　　表 5.2 定量地对比了本章提出的方法和 SExtractor 方法在整幅图像中检测到的独有物体的数目，及其中真阳性和假阳性物体的数目。以图像 "Deep_32.fits" 为例，本章提出的方法共检测到 340 个独有物体(占总检测数目的 23.73%)，其中 228 个物体(67.06%)是真阳性物体。SExtractor 方法检测到 332 个独有物体(占总体检测数目的 23.04%)，其中 107 个物体(32.23%)是真阳性物体。表 5.2 说明了本章提出的方法可以检测到相对较多的不能被 SExtractor 方法检测到的真实物体。

表 5.2　不同方法检测到的独有物体的数目

图像	方法	真阳性独有物体数目	假阳性独有物体数目
Deep_32.fits	SExtractor	107	225
	本章提出的方法	228	112
Deep_36.fits	SExtractor	106	216
	本章提出的方法	219	108

　　微弱物体检测是具有挑战性的，但有利于更好地利用含有较高密度天体的天文场景图像，因此具有良好的微弱物体检测性能的方法更具价值。天文学中通常采用星等来衡量天体的亮度(星等值越大，代表该天体越微弱)，物体的星等值 R_mag 可以通过如下公式计算：

$$R\_mag = zeropoint - 2.5 \lg TS \tag{5.10}$$

式中，zeropoint 为星等零点，指只有 1 单位的亮度值时天体的星等值；TS 为物体的总亮度值。为了评价算法检测微弱物体的能力，通常采用对数直方图作为评价指标。在对数直方图中，每个柱代表的是具有某个星等值的物体数目的对数值。图 5.10 给出了本章提出的方法和 SExtractor 方法分别在图像 "Deep_32.fits" 中检测结果的对数直方图。从图 5.10 中可以看出，本章提出的方法检测到的物体的最大星等值约为 28，而 SExtractor 方法检测到的物体的最大星等值约为 26，说明本章提出的方法可以检测到相对更微弱的物体。图 5.10(a)为天体星表中物体的对数直方图，该天体星表的对数直方图的分布范围为 14～28magnitudes(简记为 mags)，与本章提出的方法和 SExtractor 方法检测结果的对数直方图的分布范围基本一致，证明了 5.3.1 节介绍的去除不可见星系后的天体星表中保留了全部的可见物体，即保留了全部可以被本章提出的方法和 SExtractor 方法检测到的物体，说明去除天体星表中不可见的星系是合理且有意义的。

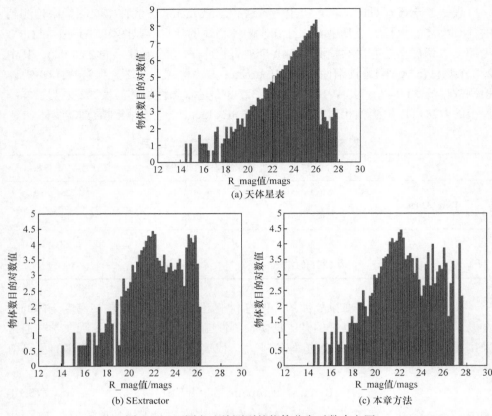

图 5.10   不同方法检测到的物体分布对数直方图

为了进一步评价检测算法的准确度，将检测到的物体的位置和角度与天体星表进行对比。对比的指标如下：

(1) 位置差。检测到物体的中心位置与该物体在天体星表中的真实中心位置之间的欧式距离，位置差值越小，说明方法定位精度越好。

(2) 位置角差。位置角是指物体的主轴和图像 X 轴之间的角度，位置角差是指检测到的物体位置角和该物体在天体星表中的真实位置角之间的绝对差值，位置角差值越小，说明方法定位精度越好。

以图像 "Deep_32.fits" 为例，本章提出的方法检测到的物体的平均位置差为0.6921 像素，平均位置角差为 0.6054rad，而 SExtractor 方法检测到的物体的平均位置差为 0.7128 像素，平均位置角差为 0.7009rad。因此在平均水平上，本章提出的方法检测到的物体位置和角度比 SExtractor 方法更精确。图 5.11 和图 5.12 分别是两种方法检测到的所有物体的位置差和位置角差分布图。在图 5.11 中，横轴代表物体的索引(物体的索引越大，代表该物体越微弱)，纵轴代表物体的位置差，菱形标记代表本章提出的方法检测到的物体的位置差值,星号标记代表 SExtractor 方法检测到的物体的位置差值, 浅色实线和深色实线分别代表采用三阶最小二乘多项式对本章提出的方法和 SExtractor 方法检测到的物体的位置差值进行拟合得到的结果。对比两条拟合线可以看出, 对于索引值小于 400 的物体(相对较大且明亮的物体), 本章提出的方法检测到的物体的位置差在整体水平上大于 SExtractor 方法, 但对于索引值大于 400 的物体(相对较小且微弱的物体), 本章提出的方法的定位精度要优于 SExtractor 方法。该对比结果表明, 本章方法更适合处理较小且微弱的物体。

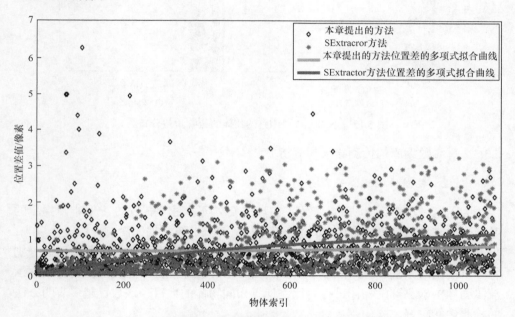

图 5.11　不同方法检测到的所有物体的位置差分布图

图 5.12 是本章提出的方法和 SExtractor 方法检测到的物体的位置角差分布图。图中横轴代表物体的主轴长度,纵轴代表物体位置角差的值(记为 Delta-PA)对比图 5.12(a)和图 5.12(b)可以看出, 本章提出的方法检测到的物体的位置角差小于 SExtractor 方法, 尤其是较小的物体的位置角差(如在 Delta-PA 小于 0.4 的范围内左图中圆圈标记分布更密集), 这表明本章提出的方法检测到的物体的位置角比 SExtractor 方法检测到的物体的位置角更精确。

　　总体来说,本章提出的方法能够检测到更多真实且微弱的物体(表5.1和图5.10),且物体具有较好的平均位置精度(图5.11和图5.12)。本章提出的方法的一个缺点是较大物体的位置定位精度略差于 SExtractor 方法。由于 SExtractor 方法也可以检测到本章提出的方法检测不到的真实物体(图 5.9 和表 5.2),因此在实际应用中,可将本章提出的方法与 SExtractor 方法相结合来检测更多真实的微弱物体，且使检测到的物体的位置更精确。

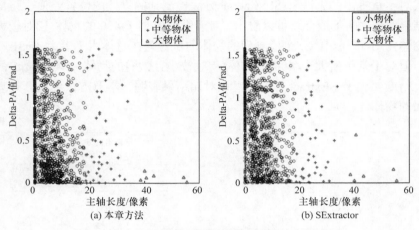

图 5.12　不同方法检测到的物体的位置角差分布图

5.3.3　真实数据库的检测结果与分析

1. DLS 数据库检测结果及分析

为了进一步验证方法的有效性，在真实天文场景图像集 DLS 上对本章提出的基于全局与局部信息融合的物体检测算法进行测试。该数据库没有提供天体星表，但 R 波段由于具有良好的深度和视宁度而被认为是较好的可检测波段，因此分别将本章提出的方法和 SExtractor 方法在 V、B 和 z 波段图像中检测到的物体与在 R 波段图像中检测到的物体进行对比，计算相同物体的数目，该数目越多表明方法的检测性能越好。

本章提出的方法在对图像进行不规则子区域划分时，种子点的数目依据经验设置为 30。SExtractor 方法的参数 DETECT THRESH 和 DETECT MINAREA 分别设置为 1.5 和 1 以获得较好且检测物体数目相当的结果，从而与本章提出的方法进行更合理的对比。图 5.13 给出了在图像 "V.fits" 中大小为 250×250 的子区域里，本章提出的方法和 SExtractor 方法的检测结果。图中椭圆标记代表两种方法同时检测到的物体，图 5.13(a)中三角形标记的物体是仅被 SExtractor 方法检测到的物体，图 5.13(b)中星号标记的物体是仅被本章提出的方法检测到的物体。从图中可以看出，本章提出的基于全局与局部信息融合的物体检测方法可以在明亮物体的附近检测到更多的微弱物体。

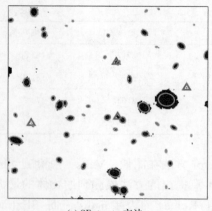

(a) SExtractor方法	(b) 本章提出的方法

图 5.13　不同方法在图像 "V.fits" 中检测到的物体示意图

　　表 5.3 给出了检测结果的定量比较，其中匹配物体个数是指某个波段(V、B 或 z)图像的检测结果与 R 波段图像的检测结果中相同物体的数目，这些相同的物体被认为是真阳性物体。从表 5.3 中可以看出，虽然本章提出的方法在 R 波段图像中检测的物体个数比 SExtractor 方法少 60 个，但在 V、B 和 z 波段图像中检测到了更多的物体(通常情况下，V、B 和 z 波段图像中包含更多相对微弱的物体)，由此证明本章提出的方法更适合检测微弱的物体。本章提出的方法在 V、B 和 z 波段图像中分别检测到 85.25%、81.71%和 76.66%的匹配物体，而 SExtractor 方法检测到的匹配物体的百分比分别为 82.08%、83.80%和 74.27%。由此可见，本章提出的方法在 V 和 z 波段图像比 SExtractor 方法获得更高百分比的匹配物体。虽然在 B 波段图像中，本章提出的方法检测到的匹配物体的百分比略低于 SExtractor 方法(约 2%)，但总的匹配物体的数目(3524)却远远高于 SExtractor 方法的匹配物体数目(2917)。总体说来，本章提出的方法可以在 V、B 和 z 波段检测到更多的物体，验证了本章提出的方法具有较好的微弱物体检测性能。

表 5.3　不同方法在 DLS 数据库上的检测结果

图像	方法	物体总数	匹配物体数目	正确率/%
R.fits	SExtractor 方法	6216	—	—
	本章提出的方法	6065	—	—
V.fits	SExtractor 方法	4091	3358	82.08
	本章提出的方法	4421	3769	85.25

续表

图像	方法	物体总数	匹配物体数目	正确率/%
B.fits	SExtractor 方法	3481	2917	83.80
	本章提出的方法	4313	3524	81.71
z.fits	SExtractor 方法	2876	2163	74.27
	本章提出的方法	3115	2388	76.66

图 5.14 给出本章提出的方法和 SExtractor 方法在图像"V.fits"中检测到的物体的分布对数直方图。从图中可以看出，本章提出的方法检测到的物体的最大仪器星等值(没有采用星等零点矫正的星等值) R_mag 约为–2 mags ，而 SExtractor 方法检测到的物体的最大仪器星等值 R_mag 约为–3 mags ，由此表明本章提出的方法可以检测到更微弱的物体。

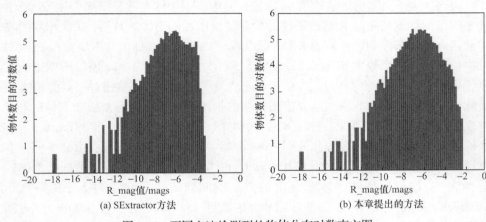

(a) SExtractor方法　　　　　　　　　(b) 本章提出的方法

图 5.14　不同方法检测到的物体分布对数直方图

由于 DLS 数据库没有提供天体星表，因此首先为其构建天体星表，然后将不同方法的检测结果与天体星表进行对比。天体星表构建的具体过程如下：

算法 5.2　天体星表构建

输入：本章提出的方法的检测结果和 SExtractor 方法的检测结果

(1) 计算本章提出的方法在不同波段图像中检测到的物体的交集(在四个波段图像中同时检测到的相同物体的集合)，将该集合记为 Inter_our；

(2) 计算 SExtractor 方法在不同波段图像中检测到的物体的交集，记为 Inter_SE；

(3) 计算 Inter_our 和 Inter_SE 的并集，记为 Union_OS；

(4) 在 Union_OS 中，若某个物体能够同时被本章提出的方法和 SExtractor 方法检测到，则该物体的属性(如 R_mag 和位置)为两种方法计算的属性值的均值。若某个物体仅能被其中一种方法检测到，则其属性值为该方法单独计算的属性值。

输出：由检测物体的并集 Union_OS 及其属性值构成的天体星表

由于 z 波段图像被认为是有损图像，因此分别采用算法 5.2 构建两个天体星表，一个是计算 DLS 数据库中所有波段图像的检测结果的交集求得的天体星表(记为 GT_RBVZ)，另一个是仅计算 R、B 和 V 波段图像的检测结果的交集求得的天体星表(记为 GT_RVB)。不同方法的检测结果与天体星表之间的对比结果如表 5.4 所示。从表中可以得出，当与天体星表 GT_RBVZ 进行对比时，本章提出的方法分别在 V、B 和 z 波段图像中比 SExtractor 方法多检测到 82、164 和 284 个真实物体，而当与天体星表 GT_RBV 进行对比时，本章提出的方法分别在 V、B 和 z 波段图像中比 SExtractor 方法多检测到 335、408 和 222 个真实物体。因此，本章提出的方法检测微弱物体的整体性能要优于 SExtractor 方法。但当处理图像中包含较多的大且明亮物体时，本章提出的方法和 SExtractor 方法的性能相差不多。

表 5.4　不同方法在 DLS 数据库上检测的真阳性物体数目

天体星表	方法	图像			
		R.fits	V.fits	B.fits	z.fits
GT_RBVZ	SExtractor 方法	2070	1971	1882	1707
	本章提出的方法	2061	2053	2046	1991
GT_RBV	SExtractor 方法	3212	2862	2784	1781
	本章提出的方法	3199	3197	3192	2003

本节采用 DLS 数据库测试了本章提出的基于全局与局部信息融合的天文场景物体检测方法的有效性，从检测结果中可以看出，本章提出的方法更适用于检测微弱的物体，因此可以作为经典的天文场景物体检测系统 SExtractor 方法的辅助工具来检测无法被 SExtractor 方法检测到的微弱物体。

2. O-DLS 数据库检测结果及分析

为了进一步评价本章提出的方法，本书在更具挑战性的 O-DLS 数据库上对方法进行了测试。相比于 DLS 数据库，该数据库中的图像包含更多的噪声。

首先在叠加的图像 "DLS_R_stacked.fits" 中检测物体，并将检测结果作为天体星表。然后分别采用本章提出的方法和 SExtractor 方法在两幅非叠加的测试图像 "DLS_R_cosmic_ray_cleaned.fits" 和 "DLS_R_raw.fits" 中检测物体，并将检测结果与天体星表对比。在进行结果对比时，由于 SExtractor 方法的参数取同一组值无法同时在叠加的和非叠加的图像中都获得较好的检测效果，因此参数 DETECTTHRESH 和 DETECT MINAREA 分别被设置为两组不同的值。第一组参数值为 1.5 和 1(记为 SExtractor-1.5-1 方法)，采用该组参数值可以在两幅非叠加的 DLS 图像中取得较好且检测物体数目相当的结果，而当处理叠加的图像 "DLS_R_stacked.fits" 时，将这两个参数分别设置为 1.33 和 1(记为 SExtractor-1.33-1 方法)才能取得较好且检测物体数目相当的结果。图 5.15 给出了本章提出的方法和 SExtractor-1.33-1 在图像 "DLS_R_stacked.fits" 里大小为 250×250 的子区域中的检测结果，图中椭圆标记的物体代表两种方法同时检测到的物体。图 5.15(a)中三角形标记的物体是仅被 SExtractor-1.33-1 检测到的物体，图 5.15(b)中星号标记的物体是仅被本章提出的方法检测到的物体。此数据库没有真实的天体星表，因此无法证实本章提出的方法是否可以比 SExtractor 方法检测到更多的真实物体，尽管如此，仍能从图 5.15 中看出本章提出的方法可以在明亮物体附近检测出更多的微弱物体。

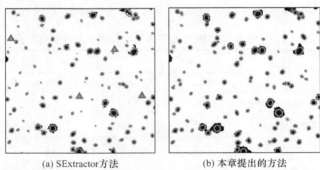

(a) SExtractor方法　　　　　　(b) 本章提出的方法

图 5.15　不同方法在图像 "DLS_R_stacked.fits" 中检测到的物体示意图

表 5.5 给出了不同方法的检测结果，表中匹配物体数目是指在某幅图像中 ("DLS_R_raw.fits" 或 "DLS_R_cosmic_ray_cleaned.fits")和在 "DLS_R_stacked.fits" 中检测到的相同物体的个数，这些相同的物体被认为是真实的物体。从表 5.5 中可以看出，与 SExtractor-1.5-1 方法的检测结果相比，本章的方法在图像 "DLS_R_stacked.fits" 中多检测到 823 个物体，在图像 "DLS_R_raw.fits" 和 "DLS_R_cosmic_ray_cleaned.fits" 中，虽然两种方法检测到的物体数目相近，但是本章提出方法的检测结果中具有更多的匹配物体(50.25%)。与 SExtractor-1.33-1 方法相比时，虽然在图像 "DLS_R_stacked.fits" 中，本章提出的方法和 SExtractor-1.33-1 方法检测到的物体数目相近，但在图像 "DLS_R_raw.fits" 和 "DLS_R_ cosmic_ray_cleaned.fits"中，SExtractor-1.33-1 方法的检测结果中却包含更多的假阳性物体，假阳性物体比例比本章方法高约 2%。因此总体来说，本章提出的方法可以检测到更多的物体，且包含较少的假阳性物体。

图 5.16 给出了本章提出的方法和 SExtractor-1.33-1 方法分别在图像 "DLS_R_stacked. fits"中检测到的物体分布对数直方图。从图中可以得出，本章提出的方法检测到的物体的最大仪器星等值 R_mag 约为 $-2\,\text{mags}$ ，而 SExtractor-1.33-1 方法检测到的物体的最大仪器星等值 R_mag 约为 $-4\,\text{mags}$ ，说明虽然本章提出的方法和 SExtractor-1.33-1 方法检测到的明亮物体数目相近，但本章提出的方法可以检测到更多的微弱物体。

表 5.5　不同方法在 O-DLS 数据库上的检测结果

图像	方法	物体总数	匹配物体数目	正确率/%
DLS_R_stacked.fits	SExtractor-1.5-1 方法	5558	—	—
	SExtractor-1.33-1 方法	6387	—	—
	本章提出的方法	6381	—	—
DLS_R_raw.fits	SExtractor-1.5-1 方法	2750	1294	47.05
	SExtractor-1.33-1 方法	3585	1698	47.36
	本章提出的方法	2783	1392	50.02
DLS_R_cosmic_ray_cleaned.fits	SExtractor -1.5-1 方法	2493	1226	49.18
	SExtractor-1.33-1 方法	3335	1629	48.85
	本章提出的方法	2762	1388	50.25

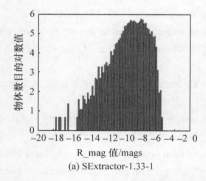

(a) SExtractor-1.33-1

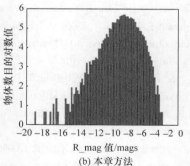

(b) 本章方法

图 5.16　不同方法检测到的物体分布对数直方图

5.4　本章小结

　　本章针对天文场景图像的特点,提出一种在天文场景图像中检测物体(星体和星系)的有效方法,即基于全局与局部信息融合的天文场景物体检测方法。该方法包含两个检测模型:全局检测模型和局部检测模型。全局检测模型不仅可以为局部检测模型提供先验信息,也可以作为一个单独的检测方法,且在实验中利用模拟天文图像数据库验证了该模型具有较好的检测性能。局部检测模型通过融合全局检测模型的检测结果,利用分水岭算法将图像划分为不规则大小的子区域,并在每个子区域中进行一系列图像变换来对图像进行增强和背景去除,然后提出基于噪声水平估计的自适应去噪方法和分层物体检测策略对每个子区域中的物体进行有效检测。将本章提出的基于全局与局部信息融合的物体检测方法与目前常用且经典的天文场景物体检测方法 SExtractor 进行对比,从对比结果中可以看出,本章提出的方法更适合处理天文场景图像中物体和背景的对比度较低或微弱物体距离明亮物体较近的情况。本章提出的方法可以单独作为天文场景物体检测的工具,也可以与其他经典的天文场景物体检测方法(如 SExtractor)相结合来达到检测更多物体的目的。从实验结果来看,当与 SExtractor 方法结合在一起检测物体时,本章提出的方法可以令用户获得额外 10%的真实物体。

参 考 文 献

[1] Masias M, Freixenet J, Lladó X, et al. A review of source detection approaches in astronomical images[J]. Monthly Notices of the Royal Astronomical Society, 2012, 422(2): 1674-1689.

[2] Slezak E, Bijaoui A, Mars G. Galaxy counts in the Coma supercluster field–II. Automated image detection and classification[J]. Astronomy and Astrophysics, 1988, 201: 9-20.

[3] Guglielmetti F, Fischer R, Dose V. Background–source separation in astronomical images with Bayesian probability theory–I. The method[J]. Monthly Notices of the Royal Astronomical Society, 2009, 396(1): 165-190.

[4] Broos P S, Townsley L K, Feigelson E D, et al. Innovations in the Analysis of Chandra-ACIS Observations[J]. The Astrophysical Journal, 2010, 714(2): 1582.

[5] Bertin E, Arnouts S. SExtractor: Software for source extraction[J]. Astronomy and Astrophysics Supplement Series, 1996, 117(2): 393-404.

[6] Torrent A, Peracaula M, Llado X, et al. Detecting faint compact sources using local features and a boosting approach[C]//The 20th International Conference on Pattern Recognition, Istanbul, 2010: 4613-4616.

[7] Peracaula M, Lladó X, Freixenet J, et al. Segmentation and detection of extended structures in low frequency astronomical surveys using hybrid wavelet decomposition[C]//Astronomical Data Analysis Software and Systems XX, Boston, 2011, 442: 151.

[8] Peracaula M, Freixenet J, Lladó J, et al. Detection of faint compact radio sources in wide field interferometric images using the slope stability of a contrast radial function[C]//Astronomical Data Analysis Software and Systems XVIII, Québec City, 2009, 411: 255.

[9] Beucher S, Meyer F. The morphological approach to segmentation: The watershed transformation[J]. Optical Engineering New York Marcel Dekker Incorporated, 1992, 34: 433.

[10] Blinchikoff H, Krause H. Filtering in the Time and Frequency Domains[M]. Stevenage: The Institution of Engineering and Technology, 2001.

[11] Laughlin S. A simple coding procedure enhances a neuron's information capacity[J]. Zeitschrift für Naturforschung C, 1981, 36(9-10): 910-912.

[12] Otsu N. A threshold selection method from gray-level histograms[J]. Automatica, 1975, 11(285-296): 23-27.

[13] Mangan A P, Whitaker R T. Partitioning 3D surface meshes using watershed segmentation[J]. IEEE Transactions on Visualization and Computer Graphics, 1999, 5(4): 308-321.

[14] Taylor A R, Gibson S J, Peracaula M, et al. The Canadian galactic plane survey[J]. The Astronomical Journal, 2003, 125(6): 3145.

[15] Stil J M, Taylor A R, Dickey J M, et al. The VLA galactic plane survey[J]. The Astronomical Journal, 2006. 132(3): 1158.

[16] Gevrekci M, Gunturk B K. Illumination robust interest point detection[J]. Computer Vision and Image Understanding, 2009, 113(4): 565-571.

[17] Stetson P B. DAOPHOT: A computer program for crowded-field stellar photometry[J]. Publications of the Astronomical Society of the Pacific, 1987, 99(613): 191.

[18] Liu X, Tanaka M, Okutomi M. Noise level estimation using weak textured patches of a single noisy image[C]//The 19th IEEE International Conference on Image Processing, Orlando, 2012: 665-668.

[19] Wittman D M, Tyson J A, Dell' Antonio I P, et al. Deep lens survey[C]//SPIE Astronomical Telescopes and Instrumentation, Hawai, 2002: 73-82.

[20] Van Dokkum P G. Cosmic-ray rejection by Laplacian edge detection[J]. Publications of the Astronomical Society of the Pacific, 2001, 113(789): 1420.

第 6 章　总结与展望

随着拍照设备的普及和互联网的发展，数字图像的数量飞速增长。面对数量巨大的图像数据，采用传统的人工方式对图像进行分类与管理已变得不再可行。因此，迫切需要利用计算机来自动"理解"图像内容并对其进行高效的分类与管理。场景识别与分析即让计算机模拟人类的感知机制对场景图像进行处理与分析，具有重要的理论研究意义和广泛的应用前景。

目前大多数基于计算机视觉的场景识别与分析算法都是针对自然场景图像提出的，自然场景是指人类活动的近地球表面空间域中的场景(如海边、工厂或森林等)。除了自然场景，还有与人类生活和科技发展密切相关的其他空间域的场景，如大气层中不同天气现象形成的天气场景和宇宙空间域中天体构成的天文场景。来自不同空间域的场景图像具有不同的性质，对不同空间域的图像进行识别与分析的目的也各不相同，例如，自然场景识别的主要任务是判断在不同时间、不同地点和不同视角等条件下拍摄的图像的场景语义类别。天气场景识别的目的是依据不同天气条件产生的图像视觉和物理差异来判断图像拍摄时的天气状况(如阴天、晴天、雨天或雪天等)。天文场景与自然场景和天气场景在图像属性及视觉外观上都有很大区别，天文场景图像是对宇宙的一种宏观观测，图像中包含大量亮度、尺寸各异的天体，并具有分辨率高、图像灰度动态范围巨大、噪声含量大等特点。因此，天文场景识别与分析的关键任务是从含有大量噪声的图像中识别出真实存在的天体，尤其是微弱的天体。由此可见，应根据不同空间域图像各自的特点及识别目的提出具有针对性的算法，才能取得满意的识别效果。本书针对多空间域的场景图像，对主动学习与融合策略进行深入研究，提出了适用于不同空间域场景的识别与分析方法。本书的主要工作体现在以下方面：

(1) 针对天气场景识别问题，提出了 ADDL 模型。该模型在特征提取阶段，综合考虑图像中天空区域的基于视觉表现的特征和非天空区域的基于物理特性的特征，来更好地刻画不同天气条件下拍摄的图像差异。在对天气场景进行识别时，采用判别字典学习算法作为天气场景的分类模型，且进一步将主动学习机制引入判别字典学习中，从而在减少人工标注工作量的前提下获得良好的字典学习效果，以实现对天气场景更有效的识别。在主动学习的样本选择过程中，分别提出了基于字典学习的样本信息性和代表性评价指标。在两个天气场景数据库上进行了大量实验，验证了 ADDL 模型的有效性。

(2) 针对自然场景识别问题，提出了 M-ADDL 模型。该模型对主动学习过程中的样本选择机制进行深入挖掘，以进一步提升主动学习机制的有效性。在进行样本选择时，该模型不仅度量样本的信息性和代表性，也同时度量样本的流形结构保持能力。并且，在构建样本代表性评价准则时，提出了一种有效的基于样本重构能力的评价指标。由于同时考虑样本的流形结构保持能力、信息性和代表性，因此 M-ADDL 模型能够更好地完成自然场景识别的任务。本书分别在四个自然场景数据库上进行了大量实验，实验结果证明了 M-ADDL 模型的有效性。

(3) 自然场景图像的视觉内容可以由多种特征来表达，如颜色特征、纹理特征和形状特征等。为了有效地融合多种特征，同时利用大量的无标记样本来提高自然场景识别方法的性能，提出了 SSMFR 模型。SSMFR 模型基于自适应加权的多图标签传递策略，可以利用标记样本和未标记样本的多种特征进行场景识别，且在学习过程中有效地挖掘多种特征之间的互补信息。采用$l_{2,1}$范数约束来学习稀疏且鲁棒的分类器，进而更好地完成场景识别任务，并能解决"样本外"问题。针对 SSMFR 模型的求解，给出了一种有效的迭代更新求解算法，并通过理论分析与数值实验证明了该算法的收敛性。在五个自然场景数据库上进行了大量实验，验证了 SSMFR 模型的有效性。

(4) 针对天文场景的识别问题，提出了基于全局与局部信息融合的天文场景物体检测方法。该方法主要包含两个检测模型：全局物体检测模型和局部物体检测模型。全局物体检测模型用来快速地检测整幅图像中的物体。局部物体检测模型通过融合全局物体检测模型的检测结果，提出基于分水岭算法的图像不规则子区域划分算法，并采用一系列图像变换、基于噪声水平估计的自适应噪声去除算法和分层物体检测策略来对子区域进行增强、去噪，并削弱子区域中明亮物体对微弱物体检测的影响，进而实现对天文物体更有效的检测。分别在一个模拟天文图像数据库和两个真实天文图像数据库上验证了该方法具有良好的检测性能，尤其是能检测到更多微弱的物体。

综上，针对自然场景识别问题，本书分别提出了两种识别模型：M-ADDL 模型和 SSMFR 模型。其中，M-ADDL 模型需要少量的人为监督信号，即对主动学习过程中选择出的有效未标记样本进行人工标注，从而不断扩充训练样本集来强化分类器的学习，因此可以取得较好的识别效果。由于需要人为干预，该模型的适用范围会受到一定的限制。为了使模型的适用性更广泛，本书进一步提出了基于半监督学习的 SSMFR 模型。这是一种完全无须人工干预就可以利用未标记样本进行训练的模型。该模型通过联合多种特征进行学习，能充分挖掘不同特征之间的互补信息。仅从识别率来看，基于主动学习的模型由于有人为监督信号，效果稍微优于基于半监督学习的模型。但从应用范围来看，基于半监督学习的模型由于无须人为干预，适用性更广。因此，本书提出的两种自然场景识别模型各有优势,都具有重要的研究意义。

由于场景图像的复杂性和多样性,场景识别与分析在实际应用中仍存在很多问题。虽然本书针对多空间域的场景图像的各自特点和识别目的提出了有针对性的识别与分析方法,并通过大量实验验证了方法的有效性,但场景识别与分析是一个极其复杂的过程,仍然存在很多问题有待深入研究。未来将从以下三方面对场景识别与分析展开进一步研究:

(1) 将天气场景识别问题从针对固定摄像头拍摄的图像扩展到针对不固定摄像头拍摄的任意图像。未来拟收集大量的天气场景图像构建天气场景数据库,从深度学习的角度出发,采用卷积神经网络等相关技术来完成对天气场景图像的识别,以提高天气场景识别方法的性能。

(2) 对于基于多特征融合的半监督自然场景识别方法,如何构建图来将标记样本的标签传递给未标记样本是方法的关键。本书采用了自适应加权的拉普拉斯图来实现标签传递。在未来工作中,将从构建图的角度出发,研究如何构建高质量的图来更好地进行标签传递,从而能更充分地利用标记样本与未标记样本的信息学习更鲁棒的分类器。

(3) 针对天文场景图像识别任务,本书解决了其中的关键问题,即如何从含有大量噪声的图像中识别出真实存在的天体。本书可以很好地对微弱物体进行检测,但对明亮物体中心位置的定位精度相对稍差。未来工作拟进一步提高检测出的明亮物体的定位精度。

(4) 本书的场景识别与分析方法主要是基于传统机器学习方法提出的,未来工作拟对基于深度学习的场景识别与分析方法进行深入研究。